混合[illegible]验教程

主　编　黄　亮
副主编　黄慎江　王成刚

合肥工業大學出版社

图书在版编目(CIP)数据

混合模拟技术试验教程/黄亮主编.—合肥:合肥工业大学出版社,2022.11
ISBN 978-7-5650-6185-1

Ⅰ.①混… Ⅱ.①黄… Ⅲ.①土木结构—结构力学—实验—教材
Ⅳ.①TU311-33

中国版本图书馆CIP数据核字(2022)第223734号

混合模拟技术试验教程

HUNHE MONI JISHU SHIYAN JIAOCHENG

黄　亮　主编　　　　责任编辑　汪　钵

出　版	合肥工业大学出版社	版　次	2022年11月第1版
地　址	合肥市屯溪路193号	印　次	2022年11月第1次印刷
邮　编	230009	开　本	710毫米×1010毫米　1/16
电　话	理工图书出版中心:0551-62903004	印　张	8.75
	营销与储运管理中心:0551-62903198	字　数	167千字
网　址	press.hfut.edu.cn	印　刷	安徽昶颉包装印务有限责任公司
E-mail	hfutpress@163.com	发　行	全国新华书店

ISBN 978-7-5650-6185-1　　　　定价:32.00元

前　言

随着土木工程学科的理论与实践研究迅速发展，各类新理论、新结构和新材料不断涌现。尽管以有限元为代表的数值模拟技术得到了广泛的应用，试验仍是验证技术创新合理性和有效性的必要手段。近些年，试验装备技术的发展突飞猛进，诸多机械、自动化、仪器仪表、计算机等高新技术被广泛应用于新型试验装备，使得试验装备技术更先进、功能更强大、应用更广泛，可服务于大尺度、全仿真、高精度的科学试验研究。

本书聚焦于土木工程新型试验技术领域，详细介绍了数物协同混合模拟试验技术的发展历程、试验原理、适用范围和操作方法，可用于指导高年级本科生和研究生等进行拟动力混合试验和实时混合模拟试验的设计、操作和数据分析。混合模拟试验技术被视为解决在有限空间内进行大尺度试验的有效方法，是今后土木工程试验的发展方向。目前，该技术仍处于高速发展阶段，涌现出一批极具价值的理论和应用成果。受篇幅和内容限制，本书仅进行简要介绍和引用，更多研究成果请查阅相关论文。同时，该项试验技术具有其自身的适用范围，对于结构高度非线性、边界耦合条件复杂、数字模型庞大等复杂情况，仍面临诸多瓶颈问题亟待解决。望读者合理选择试验方法，细致规划试验方案，努力完成试验目标，力争取得预期结果。

全书分为 6 章，第 1 章介绍混合试验的背景与基本原理，阐述试验设计思路、需要克服的问题及操作步骤，第 2 章介绍基于 OpenSEES 的有限元数值模拟，第 3 章介绍虚拟混合试验，第 4 章介绍拟动力混合试验，第 5 章介绍实时混合模拟试验，第 6 章提出混合试验的问题与思考。

本书的出版得到了国家自然科学基金青年项目(52008145)的资助。本书在编写过程中参考了大量文献、专业书籍、技术资料等相关资源，在此一并表示感谢。教材内容虽经反复斟酌，但由于编者水平有限，仍存在疏漏和不足之处，恳请广大读者批评指正。

编　者

2022 年 10 月

前言

目　录

第1章 混合试验的背景与基本原理

1.1 结构抗震试验方法简介

在土木工程领域，结构在其使用过程中不可避免地受到各种动力荷载作用，包括人为因素和自然因素。Struck 和 Voggenreiter 总结了土木工程领域中存在的各种动力荷载形式，如车辆荷载、风荷载、地震荷载、海浪冲击、交通工具冲击及爆炸冲击等。不同类型动力荷载的主要区别在于荷载对材料应变速率的影响区间不同。Bischoff、Perry 等给出了不同类型动力荷载作用下的应变速率的变化范围，如图 1-1 所示。其中，从收缩徐变到冲击爆炸，结构的加载速率和材料的应变速率呈指数增大。针对不同材料的应变速率的变化区间，需要选择合适的试验方法来研究结构和构件的动力性能。

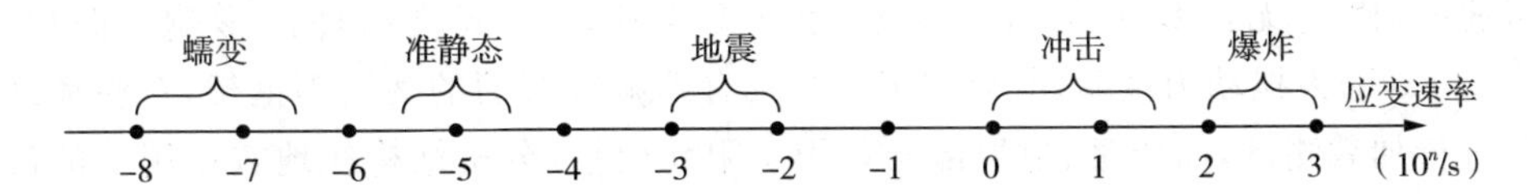

图 1-1 不同类型动力荷载作用下的应变速率范围

地震是土木工程面临的较严重的灾害之一，平均每年发生高达 500 万次，其中 5 级以上的强震约 1000 次。地震对人类的生命和财产造成了巨大威胁，我国处于亚欧板块与太平洋板块之间，是地震的多发国之一，受地震影响极为严重。1976 年唐山大地震，里式震级 7.8 级，造成 24 万多人死亡、16 万多人重伤；1999 年台湾集集地震，里氏震级 7.6 级，造成 2 千多人死亡，8 千余人受伤；2008 年汶川大地震，里式震级 8.0 级，造成约 7 万人死亡，37 万多人受伤。

为了降低地震造成的损失，国内外专家、学者对结构地震响应和抗震手段进行了广泛深入的研究，取得了大量成果，包括编写和制定了抗震设计规范，为抗震设计提供了指导依据。然而，由于地震破坏机理和结构性能的复杂性，仅采用理论分析和数值模拟尚无法完全把握结构在地震作用下的动力性能。因此,结构的抗震试验成为抗震设计和分析的重要验证手段。

地震是一种典型的动力荷载,Gioncu 指出,近场地震情况下结构中材料的应变速率会达到(0.1～10)/s。材料应变速率效应和结构惯性效应直接影响了结构的抗震性能,因此,研究结构在真实地震作用下的抗震性能及材料在地震应变率区间内的破坏形态显得十分重要。受试验条件限制,抗震试验方法主要包括以拟静力、拟动力为代表的低速动力试验,以地震模拟振动台为代表的高速动力试验。

拟静力试验按照荷载或变形的控制方式,对试件进行低周反复加载。该方法的目的是研究试件在准静力条件下从弹性阶段到破坏阶段的力学性能,其加载速度缓慢,多用于研究试件的滞回性能。拟静力试验的优点是简单易行,能够随时观测、记录试件的变形和损伤,但使用了人为假定的低周往复加载制度,试验结果无法反映构件的动力特性和材料在地震应变速率区间内的破坏形态。例如,图 1-2(a)为拟静力试验,通过拟静力加载得到试验结构的滞回曲线,从而对复合墙板-新型可滑动节点体系的抗震性能进行分析。

拟动力试验对整体结构中的质量和阻尼部分采用数值模拟,计算其惯性力和阻尼力,对结构的刚度恢复力采用低速试验加载,把实时地震动力试验转化为逐步加载的静力全过程试验。模拟和试验结果同步交互,可分析结构在较大时间尺度下的动力响应和在较低应变速率区间内的变形与损伤。拟动力试验的优点在于可直接分析结构在动力荷载下的响应,较拟静力试验中人为假定的低周往复加载制度有了显著进步。其缺点在于放大了地震荷载的时间尺度,降低了试验构件的加载速度,因此无法反映加载速率和材料应变速率对试验构件的影响。例如,图 1-2(b)为拟动力试验,其研究了一栋具有缩减梁截面的两层钢框架,对整体结构进行加载测试,而质量、阻尼部分采用有限元模拟,分析结构在地震作用下的破坏机理。

地震模拟振动台试验被认为是目前最为直观的结构抗震性能试验方法,然而,由于振动台造价极为高昂且承载能力有限,对大型结构进行抗震试验时通常需要对模型进行小比例缩尺。模型的缩尺面临诸多技术难题,例如,结构的几何尺寸容易按比例缩尺,而材料的力学性能(如刚度、屈服条件等)难以缩尺;水平加速度与重力加速度无法同比率缩尺,试验通常采用欠质量模型用于满足水平加速度的缩尺,而忽略重力加速度的影响。振动台试验的缩尺效应降低了材料加载应变率,从而导致试验结果产生偏差。此外,振动台仅能模拟地震荷载,无法模拟其他相似应变率区间的动力荷载,如风荷载、潮汐荷载及交通荷载等,其适用范围有一定局限。例如,图 1-2(c)为地震模拟振动台试验,将两层缩尺自定心框架固定于振动台上,振动台模拟水平地震荷载,用于研究框架整体的抗震性能。

（a）拟静力试验

（b）拟动力试验

（c）地震模拟振动台试验

图1-2　传统抗震试验方法

1.2　混合试验的发展进程

为了改进传统抗震试验方法的不足，Mahin 和 Shing 将拟动力方法与子结构技术相结合，形成了拟动力混合试验方法。该方法在子结构划分方面拥有更多选择性，不再拘泥于质量、阻尼划分为数值子结构，实体结构划分为试验子结构。整体结构可被任意划分为数值子结构和试验子结构，其中数值子结构部分仍采用有限元模拟，一般选取在地震作用下保持线性或弱非线性的构件；试验子结构采用低速加载，一般选取容易出现强非线性而利用有限元模拟无法精确建模的部分。模拟和试验结果同步交互并使之在子结构界面处耦合，可同时分析整体结构抗震性能和局部构件的变形损伤。

拟动力混合试验解决了子结构划分问题，可考虑真实地震对结构的影响，同时通过合理划分试验和数值子结构,能够以较小的成本实现局部大比例模型或足尺模型试验,提高整体结构试验的精度。美国自2004年开始向地震工程模拟网络(Network for Earthquake Engineering Simulation,NEES)累计投入愈2亿美元,建立了包括加利福尼亚大学伯克利分校、纽约州立大学布法罗分校、加利福尼亚大学圣迭戈分校和里海大学在内的15个站点。这些试验室具有先进的伺服系统,可通过网络将伺服加载系统和高性能计算机联系在一起,实现异地联合拟动力混合试验。项目高效地利用了现有资源,减少了重复建设的浪费,取得了巨大的经济效益,并为试验方法的改进提供了新思路。但是,拟动力混合试验仍未解决加载速度偏低的问题,加载速度与静态加载类似,远低于真实地震的时间尺度。

为了模拟真实地震速率下结构的动力特性,Nakashima等改进了拟动力混合试验,称为实时混合模拟试验。该方法继承了拟动力混合试验的思路,在硬件方面更新了高性能计算机、高速信息通信设备以及先进的控制设备,并采用动态加载作动器代替静态作动器;在软件方面开发了新的积分算法和误差修正方法。通过上述技术革新,实时混合模拟试验的计算效率、加载速度和通信速度得到了极大的提升,使其具有在真实时间尺度内同步计算、同步加载、同步信息交互的能力。由于实时混合模拟试验的实时性,试验构件在真实地震荷载条件下的动力行为可被准确再现,克服了拟动力试验加载速度低的缺点。同时,因为吸收了子结构的概念,仅对局部非线性构件进行实时加载,而对其余线性构件进行有限元模拟,大大降低了试验成本。由于只需要对局部构件进行加载,试验构件可大比例或全尺寸加工制造,避免了振动台试验的缩尺效应。

近年来,实时混合模拟试验逐步受到学界关注,成为热门的研究课题,被视为在有限空间内进行大尺度试验的有效方法,是今后土木工程试验的发展方向。实时混合模拟作为一种新的动力试验方法,目前仍处于高速发展阶段,该方法的准确性、有效性和适用范围仍需要通过理论推导、数值模拟和试验等方式做进一步验证。

1.3 混合试验的基本原理和适用范围

混合试验方法将物理试验与有限元模拟相结合,为大型复杂结构的抗震分析提供了一种比较合理的研究途径,通过合理的子结构拆分,只需要对结构局部进行实际物理试验,结构中大部分区域仅进行有限元建模,所以试验经济性更为明显。但当利用结构抗震混合试验研究大型复杂工程结构时,由于计算子结构庞大、复杂,计算耗时过长,需要进行物理试验的单元过多,试验子结构边界条件过于复杂,难以精确加载模拟等问题，使得结构抗震混合试验方法广泛应用于大型复杂结构工程还存在一定难度。

拟动力混合试验和实时混合模拟试验均利用了子结构混合试验方法，原理如图1-3所示。试验将整体结构视为研究对象，并划分为试验子结构与数值子结构两部分。试验子结构是混合试验中的物理加载部分，由液压伺服作动器按指令进行同步位移加载，待构件达到指定的位置后同时测量其反馈力；数值子结构是整体结构的其余线弹性部分，采用有限元软件建模并计算其位移响应和反馈力；计算数据和试验数据同步交互并在子结构界面处耦合，试验结果可同时反映整体结构抗震性能和局部构件的变形损伤。

在子结构划分过程中，通常将易破坏或具有复杂非线性的局部构件作为试验子结构，其余线性或弱非线性部分作为数值子结构进行模拟，这与地震作用下结构破坏往往只发生在某些薄弱部位和构件的实际情况是相符合的。

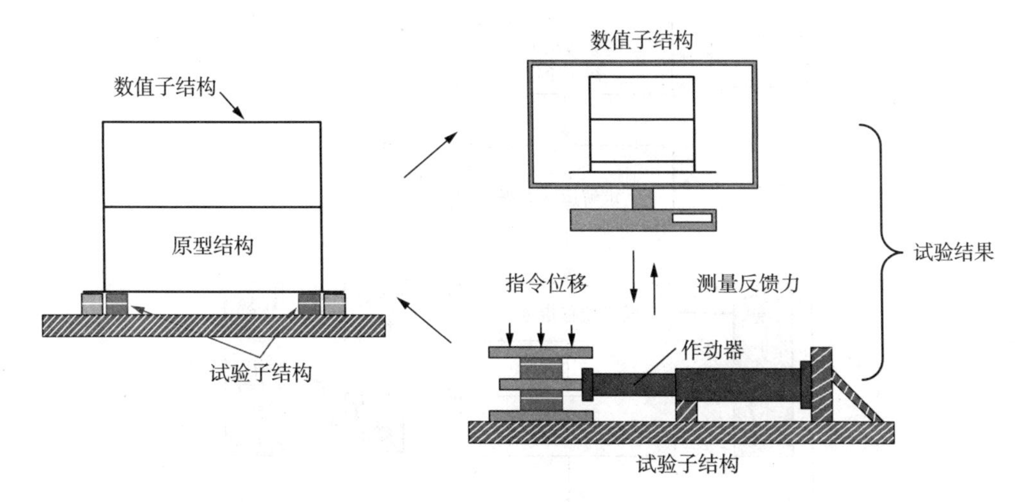

图1-3　混合试验原理图

混合试验流程图如图1-4所示。

第一步：子结构划分。

将整体结构划分为数值子结构与试验子结构，建立离散运动方程(1-1)并设置初始条件，其中 $\boldsymbol{M}$,$\boldsymbol{C}^{\mathrm{N}}$ 表示数值子结构质量矩阵和刚度矩阵，$\boldsymbol{F}_i^{\mathrm{N}}$ 表示数值子结构的反馈力向量，$\boldsymbol{F}_i^{\mathrm{cor}}$ 表示试验子结构修正后的测量反馈力向量，$\boldsymbol{u}_i$，$\dot{\boldsymbol{u}}_i$ 和 $\ddot{\boldsymbol{u}}_i$ 表示全局自由度位移向量、速度向量和加速度向量，$\boldsymbol{P}_i$ 表示外激励向量，i 表示第 i 积分步长。

第二步：位移动力计算。

选择积分算法，求解运动方程，获得第 $i+1$ 步全局自由度位移 $\boldsymbol{u}_{i+1}$。

第三步:子结构反馈力计算与测量。

将全局自由度位移 $\boldsymbol{u}_{i+1}$ 直接发送到数值子结构,采用有限元软件计算数值子结构的反馈力 $\boldsymbol{F}_i^{\mathrm{N}}$;同时,将 $\boldsymbol{u}_{i+1}$ 转换为作动器自由度位移指令 $\boldsymbol{u}_{i+1}^{\mathrm{c}}$,通过位移补偿算法修正为 $\boldsymbol{u}_{i+1}^{\mathrm{p}}$,发送至作动器,作动器对试验构件同步加载,待作动器到达指令位置时,同步测量其反馈力 $\boldsymbol{f}_i^{\mathrm{m}}$,通过反馈力修正方法修正为 $\boldsymbol{f}_i^{\mathrm{cor}}$,再将其转化为反馈力 $\boldsymbol{F}_i^{\mathrm{cor}}$。

第四步:反馈力组装。

组装数值子结构与试验子结构的反馈力 $\boldsymbol{F}_i^{\mathrm{N}}$ 和 $\boldsymbol{F}_i^{\mathrm{cor}}$,并进入下一个循环,直至试验结束。为了保证试验的实时性,要求每一步试验执行时间等于该步的积分步长。

$$\boldsymbol{M}\ddot{\boldsymbol{u}}_i+\boldsymbol{C}^{\mathrm{N}}\dot{\boldsymbol{u}}_i+\boldsymbol{F}_i^{\mathrm{N}}+\boldsymbol{F}_i^{\mathrm{cor}}=\boldsymbol{P}_i \tag{1-1}$$

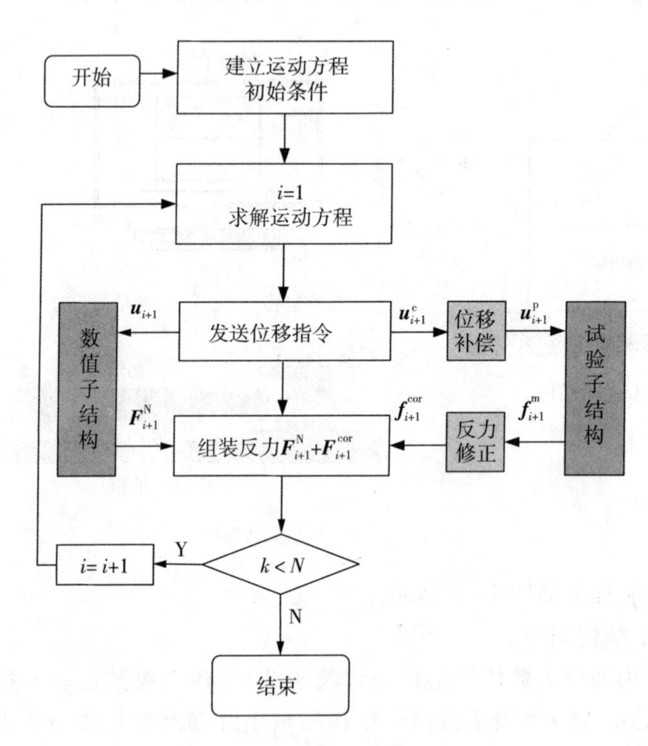

图 1-4　混合试验流程图

混合试验是多学科成果的综合体现,它的提高与改进涉及自动化控制、通信工程、计算机、土木工程等诸多专业。目前,混合试验的理论研究方向主要集中在以下几个方面:①边界条件的模拟与简化;②高效的数值模拟与算法开发;③误差评价与补偿控制方法。软硬件设备开发方面的热点包括以下几个方面:①伺服加载系统的性能提升;②伺服控制系统的改进与完善。

目前,混合试验的基础理论框架已经成型,丰富的理论和技术成果不断涌现,弥补了试验方法的不足之处,拓展了试验使用范围。例如,将电磁作动器引入混合试验系统,极大地降低了加载延迟误差;使用机器学习技术将代理模型引入混合试验系统,大大提高了数值计算效率;各种新型误差控制方法不断涌现,提高试验精度,减少了试验误差。此外,混合试验方法从地震工程领域逐步应用于风工程、水利工程、海洋工程等领域,发挥了巨大的效益。目前,混合试验技术已被学界所接受,正从试验室走向工程应用。未来,混合试验方法将更加成熟、可靠,最终将被行业认可并被广泛应用于各类动力试验。

1.4　混合试验的操作步骤

混合试验在试验过程中是连续不中断的,因此试验操作前需要进行细致的试验设计,做好各类应急预案,以保障试验构件加载合理,保证试验数据成功采集,防止精密仪器设备破坏。在试验过程中,非必要不能中断试验,一旦中断试验即宣告试验失败,会造成较大的经济损失。

为了提高混合试验的成功率,需逐步开展混合试验,尽量将试验存在的问题和风险在有限元数值模拟和虚拟混合试验阶段解决,不断打磨试验细节,力争达到试验预定目标,做出理想的试验结果。

混合试验的设计步骤主要如下。

第一步:有限元数值模拟。

该步骤用于整体结构在地震作用下的时程分析,分析结果有助于打磨结构设计方案,帮助进行混合试验的子结构划分,指导动力加载设备的选择。

第二步:虚拟混合试验。

该步骤是拟动力混合试验前的全过程、高仿真模拟,帮助研究者在计算机上熟悉试验操作步骤,用于真实试验前的各项准备工作验证、试验流程的全模拟和试验结果预测。

第三步:拟动力混合试验。

虚拟混合试验完成后,已明确数值模型、加载方案、预期响应、量程限位等试验细节,之后可安装试验构件,进行真实拟动力混合试验。

第四步:实时混合模拟试验。

若试验单元为速度敏感性构件,可使用实时混合模拟试验方法,用于研究在真实地震作用、真实时间尺度下结构的抗震性能和变形损伤。

1.5 思考题

思考题 1 现有的抗震试验方法有哪些？各有什么优缺点？

[参考答案] 现有的抗震试验方法包括拟静力试验、拟动力试验、地震模拟振动台试验。

拟静力试验试验的优点在于简单易行，能够随时观测、记录试件的变形和损伤，缺点是使用了人为假定的低周往复加载制度，试验结果无法反映构件的动力特性和材料在地震应变速率区间内的破坏形态。

拟动力试验的优点在于可直接分析结构在动力荷载下的响应，缺点在于放大了地震荷载的时间尺度，降低了试件的加载速度，无法反映加载速率和材料应变速率对试验构件的影响。

地震模拟振动台试验的优点在于直观地反映结构的抗震性能，缺点在于设备造价和使用成本高，设备承载能力有限，对大型结构进行抗震试验时通常需要对模型进行小比例缩尺，导致试验结果具有一定失真。

思考题 2 拟动力混合试验和实时混合模拟试验有何区别？

[参考答案] 拟动力混合试验采用数值子结构模拟和试验子结构加载的交互型试验方法，可分析结构在较大时间尺度下的动力响应和在较低应变速率区间内的变形与损伤。由于放大了地震荷载的时间尺度，降低了试件的加载速度，因此无法反映加载速率和材料应变速率对试验构件的影响。

实时混合模拟试验是拟动力混合试验的改进。通过更新高性能计算机、高速信息通信设备以及先进的控制设备，采用动态加载作动器代替静态作动器，开发新的积分算法和误差修正方法，实时混合模拟试验提升了计算效率、加载速度和通信速度，具有在真实时间尺度内同步计算、同步加载、同步信息交互的能力，可实现试验构件在真实地震荷载条件下的动力行为分析。

思考题 3 混合试验的基本工作原理是什么？

[参考答案] 混合试验将整体结构视为研究对象，并划分为试验子结构与数值子结构两部分。试验子结构是混合试验中的物理加载部分，由液压伺服作动器按指令进行同步位移加载，待构件达到指定的位置后同时测量其反馈力；数值子结构是整体结构的其余线弹性部分，采用有限元软件建模并计算其位移响应和反馈力。计算和试验数据同步交互并在子结构界面处耦合，试验结果可同时反映整体结构抗震性能和局部构件的变形损伤。

思考题4　混合试验的操作步骤有哪些？

［参考答案］　混合试验的操作步骤分为四步。

(1)子结构划分：将整体结构划分为数值子结构与试验子结构，建立离散运动方程并设置初始条件。

(2)位移动力计算：选择积分算法，求解运动方程，计算下一步全局自由度位移。

(3)子结构反馈力计算与测量：根据全局自由度位移，采用模拟方法计算数值子结构反馈力，并采用加载方法测量试验子结构反馈力。

(4)反馈力组装：组装数值子结构与试验子结构的反馈力，进入下一个循环，直至试验结束。

第 2 章　基于 OpenSEES 的有限元数值模拟

有限元数值模拟是混合试验的第一步，用于整体结构在地震作用下的时程分析，分析结果有助于打磨结构设计方案，帮助进行混合试验的子结构划分，指导动力加载设备的选择。

2.1　OpenSEES 开源有限元分析软件介绍

进行有限元数值模拟时可选择多种有限元软件。为了配合后续混合试验的使用，本书介绍 OpenSEES 开源有限元分析软件。OpenSEES 全称是 Open System for Earthquake Engineering Simulation（地震工程模拟的开放体系），由太平洋地震工程研究中心（Pacific Earthquake Engineering Research Center，PEER）主导、加利福尼亚大学伯克利分校为主研发而成的，用于结构和岩土方面地震反应模拟的一个较为全面且不断发展的开放的程序软件体系。

OpenSEES 最突出的优点是源代码公开，由学术界共同开发并共享代码，便于二次开发，易于协同开发，保持国际同步。多年来陆续集成包括美国、中国、日本、加拿大、意大利、英国等国各高校自发集成的最新科研成果，汇集了目前学术界抗震研究的大量最新成果，为科研工作者提供了非常丰富和重要的资源库。

OpenSEES 自 1999 年首次上线并不断更新，现已广泛用于建筑工程、桥梁工程、岩土工程、风工程、海洋工程等众多工程，具有较好的非线性数值模拟精度，高性能云计算能力，成为具有一定影响力的分析程序和开发平台。其可实现静力线性分析，静力非线性分析，截面分析，模态分析，pushover 拟动力分析，动力线弹性分析，复杂的动力非线性分析，结构可靠度及灵敏度的分析。此外，通过 OpenFresco 等技术，能够实现和其他系统的集成以及混合试验等。

OpenSEES 的突出特点是面向对象的先进程序构架设计，基于C++实现。允许开发新材料和新单元，引入了许多业已成熟的 Fortran 库文件（如 FEAP，

FEDEAS 材料)，更新了高效实用的运算法则和收敛准则，允许多点输入地震波纪录，并不断提高运算中的内存管理水平和计算效率，允许用户在脚本层面上对分析进行更多控制。

本章简单介绍 OpenSEES 建模流程，更多使用详情请参考 OpenSEES 操作手册——《OpenSEES 实用教程》。

2.2 结构整体模型

本章主要研究一个简单的两层三跨平面框架结构在地震作用下的动力响应问题，框架模型如图 2-1 所示。

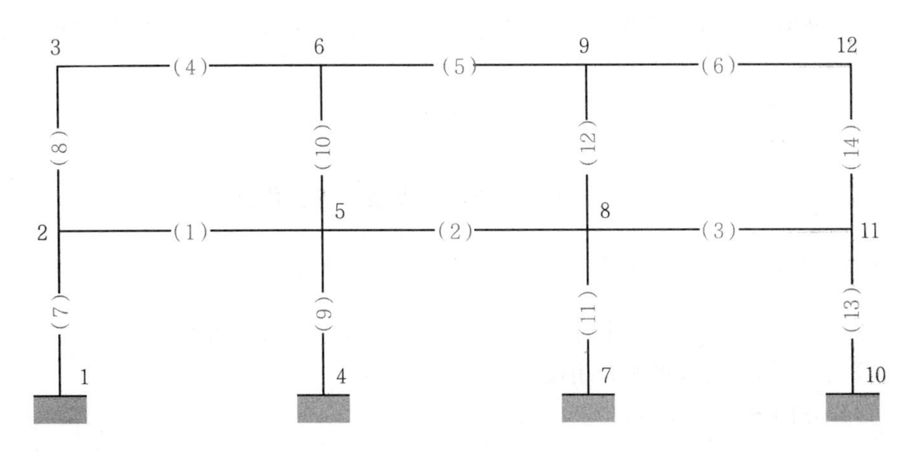

图 2-1 框架模型

结构参数细节如下。

① 整体结构为一个两层三跨平面框架。每跨 6 m，层高 4.5 m；总跨 18 m，总高 9 m。

② 底部节点 1、4、7、10 固接，其余节点 2、3、5、6、8、9、11、12 均为刚性节点。

③ 梁、柱均使用热轧 H 型钢，Q345 钢材弹性模量为 206 GPa。梁 HN400×200×8×13，截面积为 83.37 cm^2，惯性矩为 23500 cm^4；柱 HW400×400×13×21，截面积为 218.7 cm^2，惯性矩为 66600 cm^4。

④ 梁柱节点 2、3、5、6、8、9、11、12，质量为 30 t。

⑤ 钢结构阻尼率为 0.02，采用 Reyleigh 阻尼。

⑥ 采用 53.8 s 的 El-Centro(1940)地震记录作为水平地震激励，峰值加速度为 620 gal(1 gal=1 cm/s^2)。

2.3 OpenSEES 建模代码与分析

OpenSEES 是没有可视化的界面供用户操作使用的，需要借助 Tcl 语言及 OpenSEES 软件自身定义的命令语言编写代码才能运行使用。对初学者来说，该软件人机交互不太友好，会造成一定的不便。但在混合试验之中，OpenSEES 代码易与其他软件联合编程，无可视化界面的极简模式也提高了代码运行的速度，能够满足混合试验快速计算的要求。

OpenSEES 模块的命令流按建模的顺序可以划分为以下几个部分：结构模型定义、结果输出定义、荷载定义、分析定义，可通过 Tcl 代码实现有限元建模和分析。

1. *初始定义*

(1)新建 Tcl 文件

清理历史信息，包括节点、单元、材料、边界条件等。代码如下：

```
L1  wipe  #清空以往在 OpenSEES 里定义的所有模型的信息#
```

说明：L1、L2……表示代码所在行，在 OpenSEES 中无须输入。

(2)定义结构的维度和自由度

OpenSEES 命令如下：

```
model basic -ndm $ndm -ndf $ndf
```

-ndm $ndm 表示模型的维度，平面模型为 2 维，立体模型为 3 维。

-ndf $ndf 表示每个节点具有的自由度，平面模型有 3 个自由度(水平、垂直、转动)，立体模型有 6 个自由度(x、y、z、rx、ry、rz)。

代码如下：

```
L2  model basic -ndm 2 -ndf 3  #2 维,3 自由度#
```

(3)设置存储地址

代码如下：

```
L3  if {[file exists output] == 0} {file mkdir output;}  #若不存在 output 文件夹,新建文件夹#
```

(4)备注模型单位

代码如下：

```
L4   #长度 mm,质量 ton,时间 s,力 N#
```

2. 结构模型定义

(1)节点定义

OpenSEES 命令如下：

```
node $ nodeTag $ posx $ posy $ posz
```

$ nodeTag 代表节点编号，$ posx、$ posy、$ posy 代表的是节点的坐标。

代码如下：

```
L5   node  1  0  0      #节点 1,坐标(0,0)#
L6   node  2  0  4500
L7   node  3  0  9000
L8   node  4  6000  0
L9   node  5  6000  4500
L10  node  6  6000  9000
L11  node  7  12000  0
L12  node  8  12000  4500
L13  node  9  12000  9000
L14  node  10  18000  0
L15  node  11  18000  4500
L16  node  12  18000  9000
```

(2)约束定义

OpenSEES 命令如下：

```
fix $ nodeTag<ndf $ constrValues>
```

$ nodeTag 表示节点，<ndf $ constrValues>代表的是对节点各个自由度约束的状态，其中 $ constrValues 的数值对应的是约束状态，1 代表固定，0 代表自由。该约束命令流一般用于结构支承状态的定义。

代码如下：

```
L17  fix  1  1  1  1      #节点 1,x,y,r 方向均固结#
L18  fix  4  1  1  1
L19  fix  7  1  1  1
L20  fix  10  1  1  1
```

(3)主从节点定义

OpenSEES 命令如下：

```
equalDOF $rNodeTag $cNodeTag $dof1 $dof2……
```

$rNodeTag 表示主节点，$cNodeTag 表示从节点，$dof1、$dof2……表示从节点与主节点相同的自由度(1 表示水平方向,2 表示垂直方向,3 表示转动方向)。

代码如下：

```
L21   equalDOF   2   5   1        #节点 5 与节点 2 的 x 方向位移运动相同#
L22   equalDOF   2   8   1
L23   equalDOF   2   11   1
L24   equalDOF   3   6   1
L25   equalDOF   3   9   1
L26   equalDOF   3   12   1
```

(4)材料定义

OpenSEES 可选择多种材料模型描述材料力学性能,分为单轴材料及多轴材料。单轴材料一般用于宏观单元,例如塑性铰、纤维单元中的纤维束等;多轴材料用于建立连续单元高斯点处的应力-应变关系。

材料定义多用于实体建模,通过描述截面材料本构和截面形状建立实体单元模型。例如,混凝土材料(不考虑混凝土的抗拉强度的 concrete01 模型、考虑混凝土抗拉强度线性软化的 concrete02 模型、考虑混凝土抗拉强度非线性软化的 concrete03 模型);钢筋/钢材(steel01 模型、steel02 模型、steel04 模型)等,更多材料本构模型详见使用手册。

本模型中使用具有屈服特性的 Q345 钢材,屈服强度为 345 MPa,应变强化率为 0.01,弹性模量为 206 GPa。

OpenSEES 命令如下：

```
uniaxialMaterial Steel02 $matTag $Fy $E $b $R0 $cR1 $cR2 < $a1 $a2 $a3 $a4 $sigInit >
```

$matTag 表示材料编号，$Fy 表示屈服强度，$E 表示弹性模量，$b 表示应变强化率,即屈服后斜率与初始弹性模量比率，$R0、$cR1、$cR2 控制从弹性段向塑性段过度参数，$a1～$a4 等表示强化参数。

代码如下：

```
L27   uniaxialMaterial Steel02   1   345   2.06e5   0.01   18.5   0.925   0.15   0   1   0   1
```

(5)截面定义

OpenSEES 命令如下:

```
section Fiber $secTag <-GJ $GJ> {fiber……patch……layer……}
```

Fiber 表示纤维建模,$secTag 表示截面编号,fiber 用于独立纤维建模,patch 用于横截面上生成四边形和圆形纤维,layer 用于沿直线或圆弧生成纤维。

代码如下:

```
#梁单元建模,HN400×200×8×13 #
L28  section Fiber 1 {
L29  patch rect  1  2  10  -200  -100  -187  100
L30  patch rect  1  2  10   187  -100   200  100
L31  patch rect  1  20  2  -187  -4     187    4
L32  }

#柱单元建模,HN400×400×13×21 #
L33  section Fiber 2 {
L34  patch rect  1  2  10  -200  -200  -179  200
L35  patch rect  1  2  10   179  -200   200  200
L36  patch rect  1  20  2  -179  -6.5   179  6.5
L37  }
```

(6)几何定义

几何定义用于定义单元从局部坐标系到整体坐标系的线性变换,线性变换的命令是 Linear,指的是不考虑几何大变形的情况。在二维模型分析中不需要指定局部坐标的方向,所以该命令流主要用于三维模型建模分析。

OpenSEES 命令如下:

```
geomTransf Linear $TransfTag $vecxzX $vecxzY $vecxzZ
```

$TransfTag 表示坐标变化的编号。三维模型中不同的单元有不同的局部坐标系,需要定义相应的坐标转换。局部坐标的 x' 轴在 OpenSEES 中默认是沿着单元的轴向的。$vecxzX、$vecxzY、$vecxzZ 代表的是定义的新方向,此方向需要为局部坐标系中 $x'z'$ 平面上的一个方向,将此方向与 x' 方向叉乘即可得到局部坐标的 y' 与 z' 方向。

代码如下:

```
L38  geomTransf Linear 1
```

(7)单元定义

定义的节点之间赋予定义的截面和相应的坐标转换。OpenSEES 中的模型单元主要分为实体模型单元与杆系模型单元。实体模型单元包括二维实体模型单元、三维实体模型单元等。杆系模型单元包括梁柱单元 BeamColumn、零长度单元 zerolength 等。

OpenSEES 命令如下:

```
element dispBeamColumn $ eleTag $ iNode $ jNode $ numIntgrPts $ secTag $ transfTag
```

$ eleTag 表示单元号,$ iNode、$ jNode 表示单元起点、终点节点号,$ numIntgrPts 表示积分点数量,$ secTag 表示截面号,$ transfTag 为几何坐标变化编号。

代码如下:

```
#梁#
L39  element dispBeamColumn  1  2  5  6  1  1      #梁单元 1,起始节点 2,终节点 5,积分点数量 6,1 号截面,线性坐标变化#
L40  element dispBeamColumn  2  5  8  6  1  1
L41  element dispBeamColumn  3  8  11  6  1  1
L42  element dispBeamColumn  4  3  6  6  1  1
L43  element dispBeamColumn  5  6  9  6  1  1
L44  element dispBeamColumn  6  9  12  6  1  1

#柱#
L45  element dispBeamColumn  7  1  2  3  2  1      #柱单元 7,起始节点 1,终节点 2,积分点数量 3,2 号截面,线性坐标变化#
L46  element dispBeamColumn  8  2  3  3  2  1
L47  element dispBeamColumn  9  4  5  3  2  1
L48  element dispBeamColumn  10  5  6  3  2  1
L49  element dispBeamColumn  11  7  8  3  2  1
L50  element dispBeamColumn  12  8  9  3  2  1
L51  element dispBeamColumn  13  10  11  3  2  1
L52  element dispBeamColumn  14  11  12  3  2  1
```

(8)质量定义

OpenSEES 命令如下:

```
mass $ nodeTag(ndf $ massValues)
```

$nodeTag 表示节点，$massValues 表示各自由度上质量，平面模型存在 x、y、r 3个自由度质量，立体模型存在 x、y、z、rx、ry、rz 6个自由度质量。

代码如下：

```
L53  mass  2  30  30  0      #4节点在x,y方向质量为30 t,不考虑转动质量 #
L54  mass  3  30  30  0
L55  mass  5  30  30  0
L56  mass  6  30  30  0
L57  mass  8  30  30  0
L58  mass  9  30  30  0
L59  mass  11  30  30  0
L60  mass  12  30  30  0
```

(9)自振周期和阻尼比

计算结构前两阶模态 w1 和 w2，并进一步计算所对应的自振周期 t1，t2。

代码如下：

```
L61  set temp [eigen -fullGenLapack 3]
L62  scan $temp "%e  %e"  w1s  w2s     #计算前两阶自振频率#
L63  set  w1  [expr sqrt($w1s)]
L64  set  w2  [expr sqrt($w2s)]
L65  puts  "sec frequence  t1:[expr 6.28/$w1],t2:[expr 6.28/$w2]"
```

OpenSEES 命令如下：

```
rayleigh $alphaM $betaK $betaKinit $betaKcomm
```

上述命令用于设置 rayleigh 阻尼参数，公式见(2-1)，其中 $alphaM 表示节点质量阻尼参数，$betaK 表示瞬间刚度阻尼参数，$betaKinit 表示初始刚度阻尼参数，$betaKcomm 表示上一步收敛的刚度矩阵参数。

$$D = \$\mathrm{alphaM}\times M + \$\mathrm{betaK}\times \mathrm{Kcurrent} + \$\mathrm{betaKinit}\times \mathrm{Kinit} + \$\mathrm{betaKcomm}\times \mathrm{KlastCommit} \qquad (2-1)$$

代码如下：

```
L66  set ksi  0.02     #设定 rayleigh 阻尼比#
L67  set a0 [expr $ksi*2.0*$w1*$w2/($w1+$w2)]   #计算 rayleigh 阻尼参数 a0,a1#
L68  set a1 [expr $ksi*2.0/($w1+$w2)]
```

```
L69  puts "a0:[expr $ksi*2.0*$w1*$w2/($w1+$w2)],a1:[expr $ksi*2.0/($w1+$w2)]"
L70  rayleigh  $a0  0.0  $a1  0.0
```

3. 结果输出定义

结构输出定义是为了将需要的结构信息输出以供后续的数据处理。OpenSEES中主要运用的是recorder命令，该命令用于记录结构在分析过程中的所有信息，例如节点的位移、速度、加速度，单元内力，单元变形以及层间位移等。OpenSEES还提供了多种输出方式以满足不同的分析方式，最常用的为文本格式(.txt或.out)的输出方式。

OpenSEES命令如下：

```
recorder recorderType? arg1? …
```

recorderType代表的是记录的对象类型，包括节点(Node)、单元(Element)、层间位移(Drift)等。arg1……代表的是记录的对象的信息参数，记录节点的位移、速度、加速度等信息时，需要定义记录的文件名、记录节点的编号、记录的自由度等。

代码如下：

```
L71  recorder Node -file output/node_disp.txt  -time -nodeRange 1 12  -dof 1 2 3 disp  #输出节点1～12的三自由度x,y,r位移#
L72  recorder Element -file output/element_force.txt  -time - eleRange 1 14 globalForce  #输出单元1～14受力#
L73  recorder Node -file output/node_reaction.txt  -time -node 1 4 7 10  -dof 1 2 3  reaction  #输出节点1,4,7,10反力#
L74  recorder Drift  -file output/drift1.txt  -time  -iNode 1 4 7 10 -jNode 2 5 8 11 -dof 1  -perpDirn 2  #输出1层层间位移#
L75  recorder Drift  -file output/drift2.txt  -time  -iNode 2 5 8 11 -jNode 3 6 9 12 -dof 1  -perpDirn 2  #输出2层层间位移#
```

4. 荷载定义

荷载定义即是对结构施加分析过程中所受到的静力荷载、动力荷载等。混合试验多采用动力荷载分析，荷载定义必须在结构分析之前。

OpenSEES命令如下：

```
timeSeries Constant $tag<-factor $cFactor>
```

建立恒定时间序列，用于描述重力加速度。$tag表示时间序列编号，$cFactor表示恒定值。

代码如下：

```
L76  loadConst - time 0.0
L77  timeSeries  Constant  2   - factor  9.8e3      # 描述重力加速度 g = 9.8 m/s² #
```

注：采用上述恒定时间序列描述重力加速度，表示结构在 0 时刻受恒定加速度的阶跃冲击，该冲击将迅速(3～5 s)趋于稳定，其稳定时的应力应变表示结构在重力作用下的应力应变。

OpenSEES 命令如下：

```
timeSeries Path $ tag  - dt  $ dt  - filePath  $ filePath< - factor  $ cFactor>< - useLast>< - prependZero>< - startTime  $ tStart>
```

通过地震记录(txt 文件)建立水平地震加速度时间序列，$ tag 表示时间序列编号，$ dt 表示数据时间间隔，$ filePath 表示文件路径，$ cFactor 表示放大系数，$ tStart 表示激励开始时间。

代码如下：

```
L78  timeSeries Path  1   - dt   0.02   - filePath   unit_ElCentro.txt   - factor 620   - startTime 5     # 定义水平地震加速度时间序列，水平地震模拟将于 5s 后开始 #
```

注：startTime＝5，表示结构在恒定重力作用下已处于稳定状态，突受水平地震作用。

OpenSEES 命令如下：

```
pattern UniformExcitation  $ patternTag  $ dir  - accel  $ tsTag
```

patternTag 表示荷载的编号，$ dir 表示加载方向(1、2、3 分别表示 x、y、r 向)，$ tsTag 定义加速时间序列标签(timeSeries 序号)。

代码如下：

```
L79  pattern UniformExcitation  1  1  - accel  1        # 定义水平地震加速度 #
L80  pattern UniformExcitation  2  2  - accel  2        # 定义垂直加速度 #
```

5. 分析定义

定义有限元分析方法、迭代方法、收敛条件、积分算法等。

代码如下：

```
L81  constraints  Plain     # 边界约束方程的处理方式 #
L82  numbered  Plain     # 结构自由度编号方式 #
```

```
L83  system  BandGenera      #方程的存储和求解方式#
L84  test  NormDispIncr  1.0e-8  10  2      #收敛条件为残差小于10^-8,迭代次数最多10次,2表示在成功测试结束时打印有关规范和迭代次数的信息#
L85  algorithm  Newton     # Newton迭代方法#
L86  integrator  Newmark  0.5  0.25     #积分算法,中心差分法#
L87  analysis  Transient     #动力加载#
L88  analyze  3000  0.02     #计算步数和积分步长,模拟时长3000*0.02=60s #
L89  puts "Ground Motion analysis over"     #结束提示#
```

保存上述Tcl文件,运行后可显示计算过程,如图2-2所示。在output文件夹中可显示查找L71—L75所定义的计算结果输出,如图2-3所示。

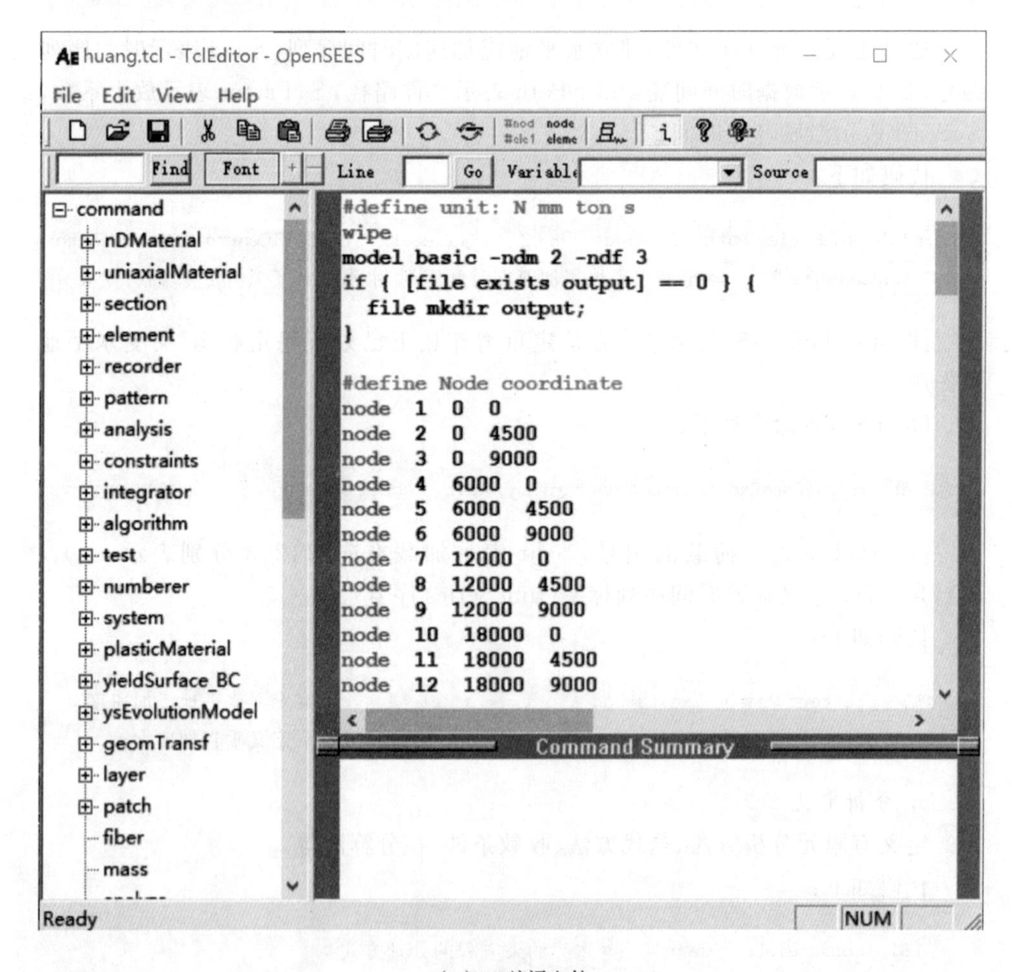

(a) Tcl编译文件

```
C:\WINDOWS\system32\cmd.exe
Starting OpenSees..

         OpenSees -- Open System For Earthquake Engineering Simulation
                 Pacific Earthquake Engineering Research Center
                        Version 2.5.0 (rev 6248) 32-Bit

      (c) Copyright 1999-2016 The Regents of the University of California
                              All Rights Reserved
  (Copyright and Disclaimer @ http://www.berkeley.edu/OpenSees/copyright.html)


sec frequence   t1: 0.7343041645215792 , t2: 0.1959281429578457
a0: 0.27004007276489495 , a1: 0.0009851032283117488
CTestNormDispIncr::test() - iteration: 2 current Norm: 1.07328e-015 (max: 1e-008, Norm deltaR: 3.63715e-009)
CTestNormDispIncr::test() - iteration: 2 current Norm: 1.66191e-015 (max: 1e-008, Norm deltaR: 2.31056e-008)
CTestNormDispIncr::test() - iteration: 2 current Norm: 1.64207e-015 (max: 1e-008, Norm deltaR: 2.48445e-008)
CTestNormDispIncr::test() - iteration: 2 current Norm: 1.94822e-015 (max: 1e-008, Norm deltaR: 1.67914e-008)
CTestNormDispIncr::test() - iteration: 2 current Norm: 1.05449e-015 (max: 1e-008, Norm deltaR: 1.10002e-008)
CTestNormDispIncr::test() - iteration: 2 current Norm: 1.9969e-015 (max: 1e-008, Norm deltaR: 4.74666e-008)
CTestNormDispIncr::test() - iteration: 2 current Norm: 3.39751e-015 (max: 1e-008, Norm deltaR: 2.06345e-008)
CTestNormDispIncr::test() - iteration: 2 current Norm: 5.05271e-016 (max: 1e-008, Norm deltaR: 2.94703e-008)
CTestNormDispIncr::test() - iteration: 2 current Norm: 2.94569e-015 (max: 1e-008, Norm deltaR: 2.00105e-008)
CTestNormDispIncr::test() - iteration: 2 current Norm: 2.80433e-015 (max: 1e-008, Norm deltaR: 6.03007e-008)
CTestNormDispIncr::test() - iteration: 2 current Norm: 2.31114e-015 (max: 1e-008, Norm deltaR: 5.61396e-008)
CTestNormDispIncr::test() - iteration: 2 current Norm: 2.51571e-015 (max: 1e-008, Norm deltaR: 2.88414e-008)
Ground Motion analysis over
 ------------------------------------------------------------------------------------
End of script <C:\Users\HUANG\Desktop\教材\2story\1_FE\opensees\huang.tcl> reached, Press any key to continue
```

（b）OpenSEES运行

图 2－2　计算过程

名称	修改日期	类型	大小
drift1.txt	2022/11/21 23:56	文本文档	1 KB
drift2.txt	2022/11/21 23:56	文本文档	1 KB
element_force.txt	2022/11/21 23:56	文本文档	8 KB
node_disp.txt	2022/11/21 23:56	文本文档	4 KB
node_reaction.txt	2022/11/21 23:56	文本文档	2 KB

图 2－3　计算结果输出

上述 OpenSEES 建模方法采用无可视化界面的 Tcl 编译命令执行，适用于有一定专业基础的使用者。对于初学者，OpenSEES Navigator 提供了一种简易的可视化界面，如图 2－4 所示。OpenSEES Navigator 的建模流程与 OpenSEES 完全相同，在完成建模后，软件将模型在后台转化为 OpenSEES 的 Tcl 文件后执行有限元计算分析。计算完成后，软件提供计算结果（变形、应力等）可视化显示，一、二层位移时程如图 2－5 所示。

OpenSEES Navigator 的操作过程本书不再赘述，感兴趣的读者可以课后进行学习。需要注意的是，OpenSEES Navigator 的开发远落后于 OpenSEES，OpenSEES 部分材料和单元类建模功能在 OpenSEES Navigator 上无法显示，部分

OpenSEES Navigator 建模指令未与 OpenSEES 同步更新。

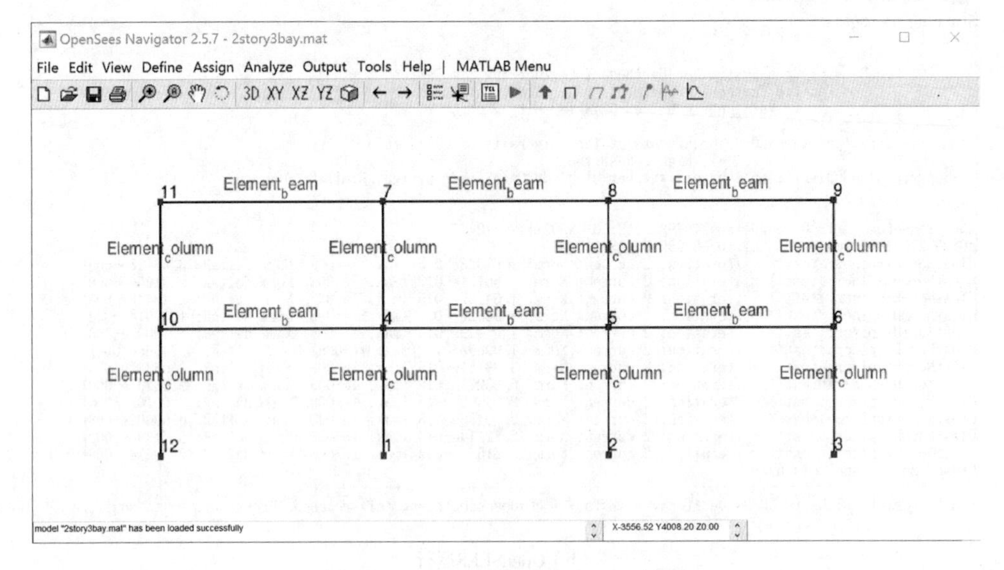

图 2-4 OpenSEES Navigator 界面

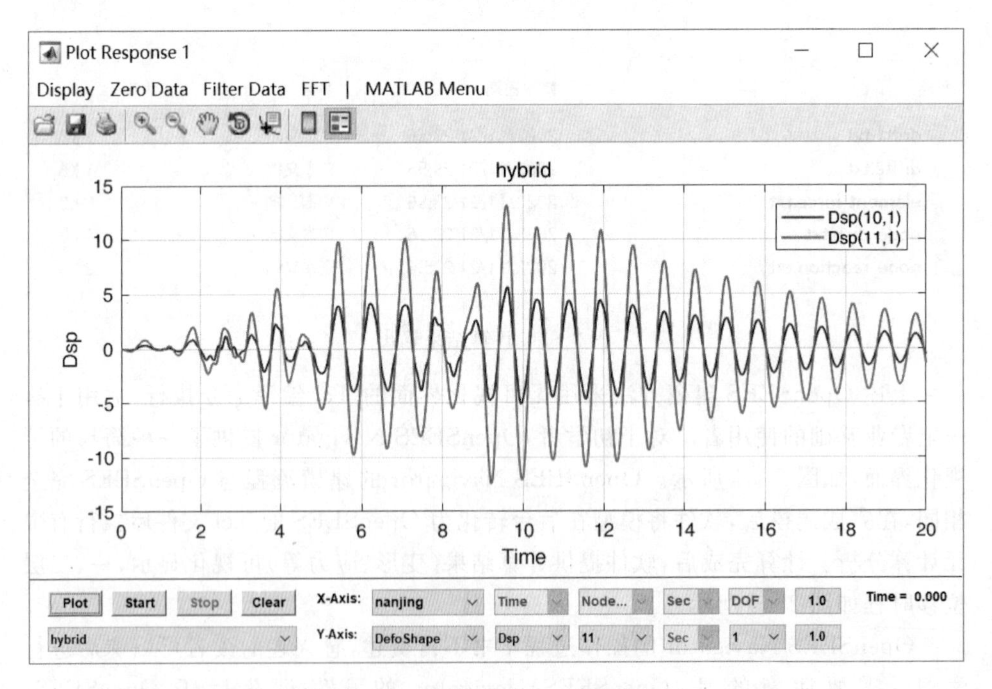

图 2-5 一、二层位移时程

2.4　数值模拟结果分析

上述有限元数值分析结果可通过 MATLAB 或 Excel 等多种工具软件进行数据分析，主要是分析整体结构的抗震性能，局部构件的变形损伤，试验子结构的划分，试验构件的缩尺比例，加载设备的量程选择，等等。

由于框架采用理想弹性建模，局部构件无损伤。根据位移、反馈力数据分析，拟将单元(13)(14)划分为试验子结构，其余单元(1)～(12)划分为数值子结构。

1. 试验子结构节点位移

使用 MATLAB 读取节点 11、12 的 x、y、r 向位移数据，结果如图 2－6 所示。图 2－6(b)显示，第 5 s 时，结构受重力的阶跃冲击已趋于平稳。

图 2－6(a)显示，在水平地震作用下，节点 11、12 的最大水平位移约为 9.4 mm、20.1 mm。图 2－6(b)(c)显示垂直位移和转动变形均很小，可忽略不计，表明结构在水平地震作用下以层间剪切变形为主。

2. 试验子结构节点反馈力

使用 MATLAB 读取单元(13)(14)在节点 11、12 的 x 向反馈力，结果如图 2－7所示。图 2－7 显示，试验构件的在节点 11、12 的反馈力极值约为 69.4 kN 和 32.4 kN。

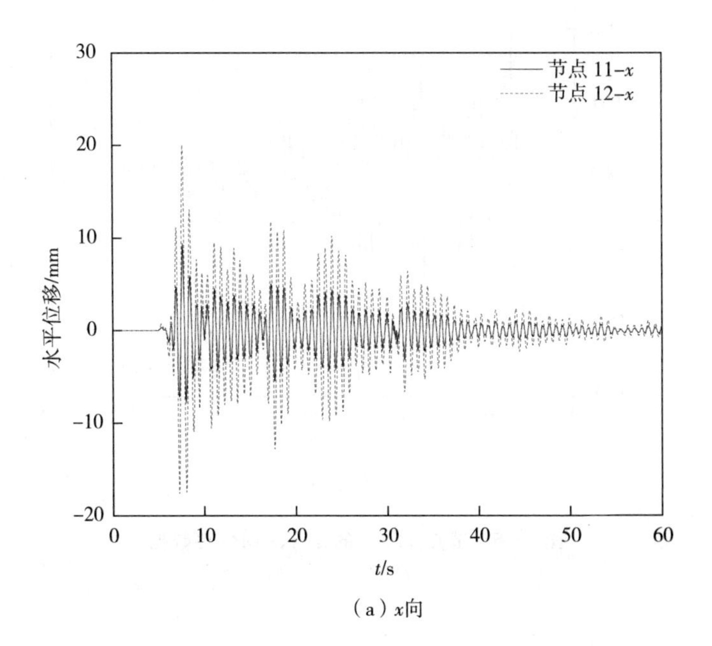

(a) x向

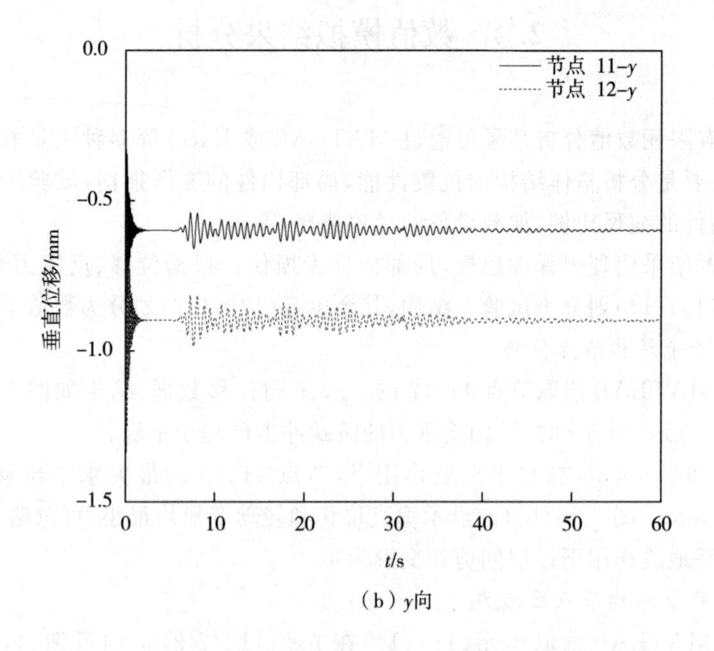

（b）y向

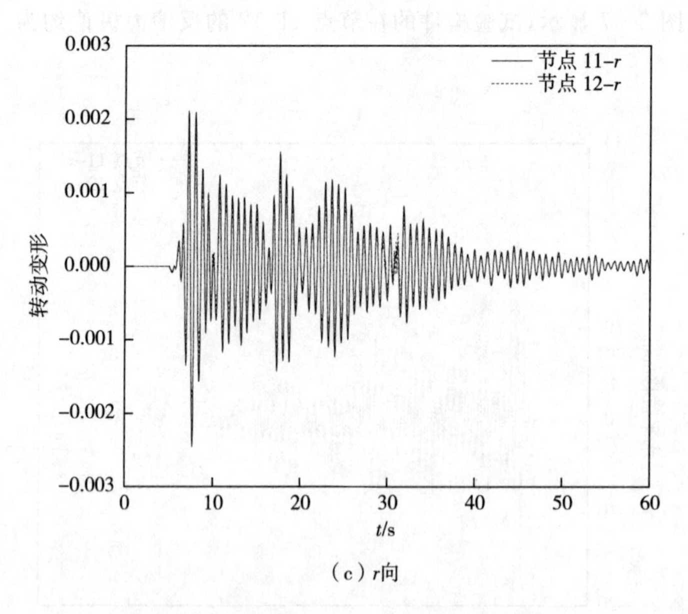

（c）r向

图 2-6　节点 11、12 的 x、y、r 向位移数据

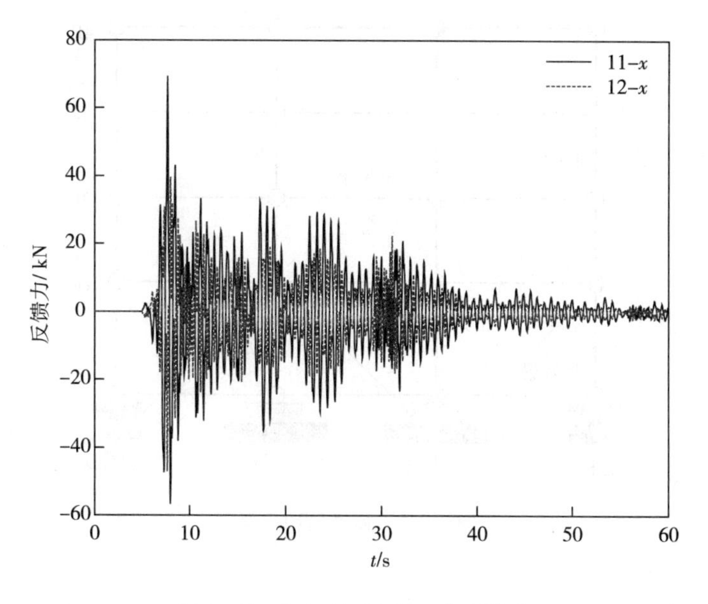

图 2-7　节点 11、12 的 x 向反馈力

3. 加载设备选择

根据构件的位移、反馈力极值估计，若选用原尺寸数值子结构，可选择作动器 MTS 244.22 进行加载，设备位移量程为 ±150 mm，加载量程为 100 kN。设备量程大于数值分析结果，并保留一定裕度，适用于该混合试验。

2.5 案　例

案例 2-1　多层钢筋混凝土隔震结构的水平地震分析

隔震建筑的上部结构为四层钢筋混凝土框架，取中间的一榀框架进行水平地震作用下的时程分析。隔震结构模型如图 2-8 所示。

该榀框架为四层三跨，跨度为 4.5 m，总宽为 13.5 m；首层层高为 4.2 m，二至四层层高为 3.3 m，总高为 14.1 m。框架柱尺寸均为 500 mm×500 mm，框架梁尺寸均为 250 mm×500 mm。楼板质量集中于梁柱节点，每个节点质量为 15 t，结构阻尼比 $\xi=0.05$。钢筋混凝土梁、柱截面如图 2-9 所示，混凝土均使用 C30。

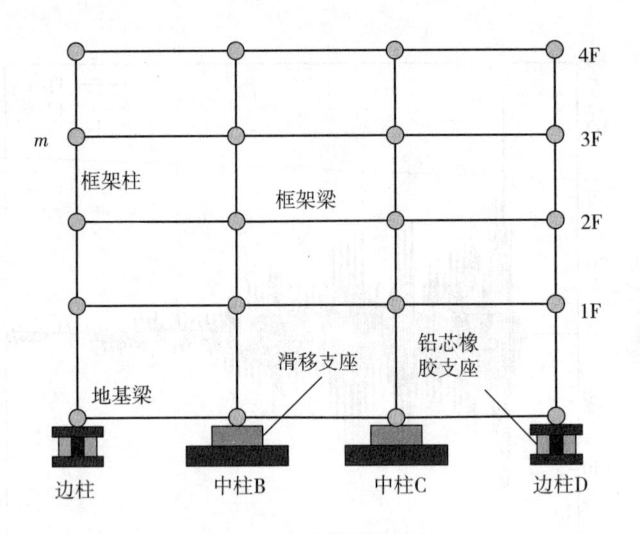

图 2-8　隔震结构模型

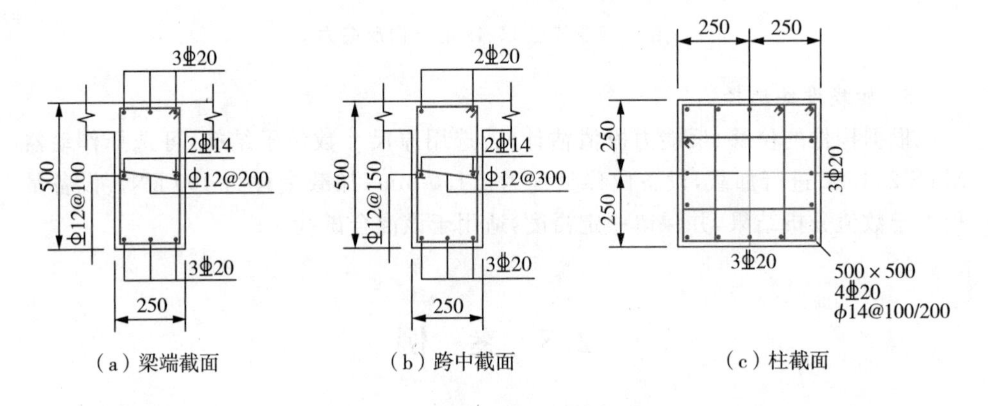

(a) 梁端截面　(b) 跨中截面　(c) 柱截面

图 2-9　钢筋混凝土梁、柱截面

下部隔震层中，边柱 A、D 采用铅芯橡胶隔震支座，中柱 B、C 采用新型滑移支座。中柱下的滑移支座竖向刚度为 925.60 kN/mm，摩擦时初始刚度为 38.050 kN/mm，滑动摩擦系数为 0.08。边柱下的铅芯橡胶隔震支座型号为 GZY400，橡胶层总厚度为 68.6 mm，竖向承载力为 1256 kN，竖向刚度为 1629 kN/mm。剪切变形 100％时的水平等效刚度为 1325 kN/m，等效阻尼比为 0.272；剪切变形 250％时的水平等效刚度为 813 kN/m，等效阻尼比为 0.184。

该建筑位于抗震设防烈度 8 度区，设计基本地震加速度为 0.3g，位于第Ⅱ类场地第二组，罕遇地震水平加速度峰值为 510 gal。选取 El－Centro(1940)地震波作为水平地震激励，研究隔震结构在罕遇地震下的响应。

参考代码

```
X1   #mm N ton s#
X2   wipe
X3   model basic -ndm 2 -ndf 3

 #定义节点#
X4   node  10  0
X5   node  24500  0
X6   node  39000  0
X7   node  413500  0
X8   node  50  4200
X9   node  64500  4200
X10   node  79000  4200
X11   node  813500  4200
X12   node  90  7500
X13   node  10 4500  7500
X14   node  11  9000  7500
X15   node  12  13500  7500
X16   node  13  0  10800
X17   node  14  4500  10800
X18   node  15  9000  10800
X19   node  16  13500  10800
X20   node  17  0  14100
X21   node  18  4500  14100
X22   node  19  9000  14100
X23   node  20  13500  14100
X24   node  21  0  -200
X25   node  22  4500  -200
X26   node  23  9000  -200
X27   node  24  13500  -200

 #约束定义#
X28   fix 21  1  1  1
X29   fix 22  1  1  1
X30   fix 23  1  1  1
```

```
X31  fix 24  1  1  1
X32  fix  1  0  0  1
X33  fix  2  0  0  1
X34  fix  3  0  0  1
X35  fix  4  0  0  1

#定义混凝土材料#
X36  uniaxialMaterial Concrete01  3  -32.3  -0.0023  -6.46  -0.018
#梁核心区混凝土#
X37  uniaxialMaterial Concrete01  4  -26.8  -0.002  -5.36  -0.004
#保护层混凝土#
X38  uniaxialMaterial Concrete01  5  -33.12  -0.0024  -6.624  -0.02
#柱核心区混凝土#

#定义钢材#
X39  uniaxialMaterial Steel01  6  400  2.0e5  0.01

#定义梁截面#
X40  section Fiber 1 {
X41  patch rect  3  5  3  -275  -125  275  125     #核心区混凝土#
X42  patch rect  4  5  1  -300  125  300  150     #保护层混凝土#
X43  patch rect  4  5  1  -300  -150  300  -125
X44  patch rect  4  1  3  -300  -125  -275  125
X45  patch rect  4  1  3  275  -125  300  125
X46  layer straight  6  3  314  265  -115  265  115     #钢筋#
X47  layer straight  6  2  154  0  -115  0  115
X48  layer straight  6  3  254  -265  -115  -265  115
X49  }

#定义柱截面#
X50  section Fiber 2 {
X51  patch rect  5  5  5  -220  -220  220  220     #核心区混凝土#
X52  patch rect  4  5  1  -250  220  250  250     #保护层混凝土#
X53  patch rect  4  5  1  -250  -250  250  -220
X54  patch rect  4  1  5  -220  -220  -250  220
X55  patch rect  4  1  5  250  -220  220  220
X56  layer straight  6  5  314  210  210  210  -210     #钢筋#
```

```
X57  layer straight  6  2  314  105  210  105  -210
X58  layer straight  6  2  314  0  210  0  -210
X59  layer straight  6  2  314  -105  210  -105  -210
X60  layer straight  6  5  314  -210  210  -210  -210
X61  }

#定义几何变换#
X62  geomTransf Linear 1

#定义柱单元#
X63  element  dispBeamColumn  1  1  5  3  2  1
X64  element  dispBeamColumn  2  5  9  3  2  1
X65  element  dispBeamColumn  3  9  13  3  2  1
X66  element  dispBeamColumn  4  13  17  3  2  1
X67  element  dispBeamColumn  5  2  6  3  2  1
X68  element  dispBeamColumn  6  6  10  3  2  1
X69  element  dispBeamColumn  7  10  14  3  2  1
X70  element  dispBeamColumn  8  14  18  3  2  1
X71  element  dispBeamColumn  9  3  7  3  2  1
X72  element  dispBeamColumn  10  7  11  3  2  1
X73  element  dispBeamColumn  11  11  15  3  2  1
X74  element  dispBeamColumn  12  15  19  3  2  1
X75  element  dispBeamColumn  13  4  8  3  2  1
X76  element  dispBeamColumn  14  8  12  3  2  1
X77  element  dispBeamColumn  15  12  16  3  2  1
X78  element  dispBeamColumn  16  16  20  3  2  1

#定义梁单元#
X79  element  dispBeamColumn  17  1  2  6  1  1
X80  element  dispBeamColumn  18  2  3  6  1  1
X81  element  dispBeamColumn  19  3  4  6  1  1
X82  element  dispBeamColumn  20  5  6  6  1  1
X83  element  dispBeamColumn  21  6  7  6  1  1
X84  element  dispBeamColumn  22  7  8  6  1  1
X85  element  dispBeamColumn  23  9  10  6  1  1
X86  element  dispBeamColumn  24  10  11  6  1  1
X87  element  dispBeamColumn  25  11  12  6  1  1
```

```
X88 element dispBeamColumn 26 13 14 6 1 1
X89 element dispBeamColumn 27 14 15 6 1 1
X90 element dispBeamColumn 28 15 16 6 1 1
X91 element dispBeamColumn 29 17 18 6 1 1
X92 element dispBeamColumn 30 18 19 6 1 1
X93 element dispBeamColumn 31 19 20 6 1 1

#定义支座#
X94 frictionModel Coulomb 1 0.085 #库伦摩擦是系数定义#
X95 uniaxialMaterial Elastic 8 925.6e3
X96 uniaxialMaterial Elastic 9 0
X97 uniaxialMaterial Elastic 10 1629e3
X98 element elastomericBearingPlasticity3221 1 4647 41900 0.154 0 1 -P 10 -Mz 9 #铅芯橡胶隔震支座定义#
X99 element flatSliderBearing 33 22 2 1 38.05e3 -P 8 -Mz 9 -orient 0 1 0 -1 0 0 #滑移隔震支座定义#
X100 element flatSliderBearing 34 23 3 1 38.05 e3 -P 8 -Mz 9 -orient 0 1 0 -1 0 0
X101 element elastomericBearingPlasticity3524 4 4647 41900 0.154 0 1 -P 10 -Mz 9

#定义分析结果输出#
X102 recorder Node -file disp.txt -time -nodeRange 1 20 -dof 1 2 3 disp #输出节点位移#
X103 recorder Element -file ele.txt -time -eleRange 1 35 globalForce #输出单元力#
X104 recorder Drift -file drift1.txt -time -iNode 1 2 3 4 -jNode 5 6 7 8 -dof 1 -perpDirn 2 #输出层间位移#
X105 recorder Drift -file drift2.txt -time -iNode 5 6 7 8 -jNode 9 10 11 12 -dof 1 -perpDirn 2
X106 recorder Drift -file drift3.txt -time -iNode 9 10 11 12 -jNode 13 14 15 16 -dof 1 -perpDirn 2
X107 recorder Drift -file drift4.txt -time -iNode 13 14 15 16 -jNode 17 18 19 20 -perpDirn 2
X108 recorder Node -file reaction.txt -time -node 21 22 23 24 -dof 1 2 3 reaction #输出支座反力#
```

```
#定义质量#
X109  mass  1  15  15  0
X110  mass  2  15  15  0
X111  mass  3  15  15  0
X112  mass  4  15  15  0
X113  mass  5  15  15  0
X114  mass  6  15  15  0
X115  mass  7  15  15  0
X116  mass  8  15  15  0
X117  mass  9  15  15  0
X118  mass  10  15  15  0
X119  mass  11  15  15  0
X120  mass  12  15  15  0
X121  mass  13  15  15  0
X122  mass  14  15  15  0
X123  mass  15  15  15  0
X124  mass  16  15  15  0
X125  mass  17  15  15  0
X126  mass  18  15  15  0
X127  mass  19  15  15  0
X128  mass  20  15  15  0

#自振频率计算和阻尼设定#
X129  set temp [eigen -fullGenLapack 3]
X130  scan $temp "%e  %e"  w1s  w2s     #计算前 2 阶自振频率#
X131  set  w1  [expr sqrt($w1s)]
X132  set  w2  [expr sqrt($w2s)]
X133  puts  "sec frequence  t1:[expr 6.28/$w1],t2:[ expr 6.28/$w2]"
X134  set ksi  0.05     #设定 rayleigh 阻尼比#
X135  set a0 [expr $ksi*2.0*$w1*$w2/($w1+$w2)]
X136  set a1 [expr $ksi*2.0/($w1+$w2)]
X137  puts "a0:[expr $ksi*2.0*$w1*$w2/($w1+$w2)],a1:[expr $ksi*2.0/
($w1+$w2)]"
X138  rayleigh  $a0  0.0  $a1  0.0
#地震定义#
X139  loadConst -time 0.0
X140  timeSeries  Constant  2  -factor  9.8e3     #描述重力加速度 g=9.8 m/s^2 #
```

```
    X141  timeSeries Path  1   -dt  0.02  -filePath  unit_ElCentro.txt  -factor
510  -startTime 5     #定义水平地震加速度时间序列#
    X142  pattern UniformExcitation  1  1  -accel  1     #定义水平地震加速度#
    X143  pattern UniformExcitation  2  2  -accel  2     #定义垂直加速度 g#

    #分析方法定义#
    X144  constraints  Plain    #边界约束方程的处理方式#
    X145  numberer  Plain    #结构自由度编号方式#
    X146  system  BandGeneral    #方程的存储和求解方式#
    X147  test  NormDispIncr  1.0e-8  10  2    #收敛条件#
    X148  algorithm  Newton    #迭代方法#
    X149  integrator  Newmark  0.5  0.25    #积分算法,中心差分法#
    X150  analysis  Transient    #动力加载#
    X151  analyze  3000  0.02    #计算步数和积分步长,模拟时长 3000*0.02=60 s #
    X152  puts "Ground Motion analysis over"    #结束提示#
```

案例 2-2　全装配式中空夹层钢管混凝土框架的水平地震分析

全装配式中空夹层钢管混凝土框架结构采用方套方中空夹层钢管混凝土作为框架柱,窄翼缘 H 型钢作为框架梁,钢筋桁架承板作为楼面板;梁、柱采用高强单边螺栓连接,楼板与梁采用高强螺栓连接;钢管端部进行了刨平处理,螺栓孔采用贯通开孔方式;梁中和柱脚等处采用加劲肋焊接的加强措施。

全装配式中空夹层钢管混凝土框架如图 2-10 所示,该榀框架共十层三跨,跨距为 9 m,总宽为 27 m;底部两层层高 4.5 m,上部八层层高 3.6 m,总高 37.8 m。框架柱采用变截面设计,柱内、外钢管截面尺寸底层柱为 500 mm × 14 mm 和 700 mm × 16 mm,中层柱为 450 mm×12 mm 和 650 mm×14 mm,顶层柱为 400 mm×10 mm 和 600 mm×12 mm;方钢管均采用 Q345 无缝钢管,内外钢管间浇筑 C40 自密实混凝土。变截面柱上下刚接,忽略过渡区域应力集中现象。框

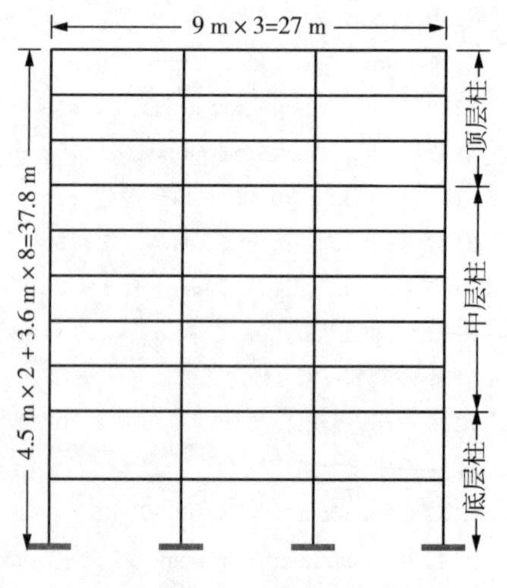

图 2-10　全装配式中空夹层钢管混凝土框架

架梁均使用600 mm×300 mm×15 mm×20 mm的Q345焊接型钢，等分设置三道加劲肋。梁、柱截面如图2-11所示。

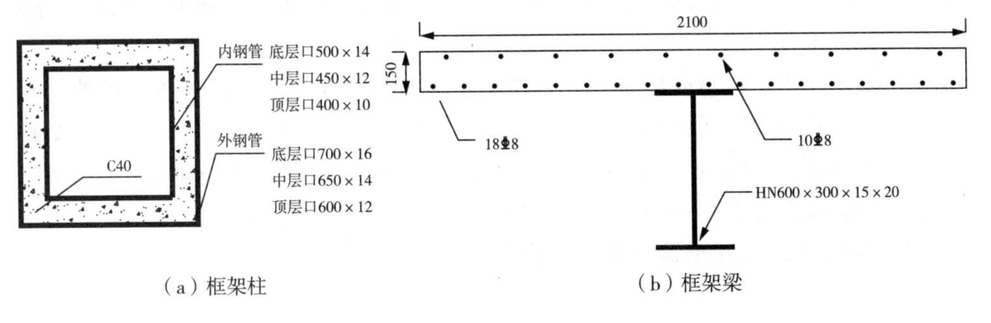

图2-11 梁、柱截面

梁柱节点使用10.9级M16高强单边螺栓连接，按4排2列布置，单边螺栓需经初拧、终拧使螺栓达到规定的扭矩。节点的设计承载力小于钢梁的全截面塑性承载力，地震作用下节点将率先屈服，通过节点转动耗散能量，避免梁端出现塑性铰。高强单边螺栓屈服特性如图2-12所示。

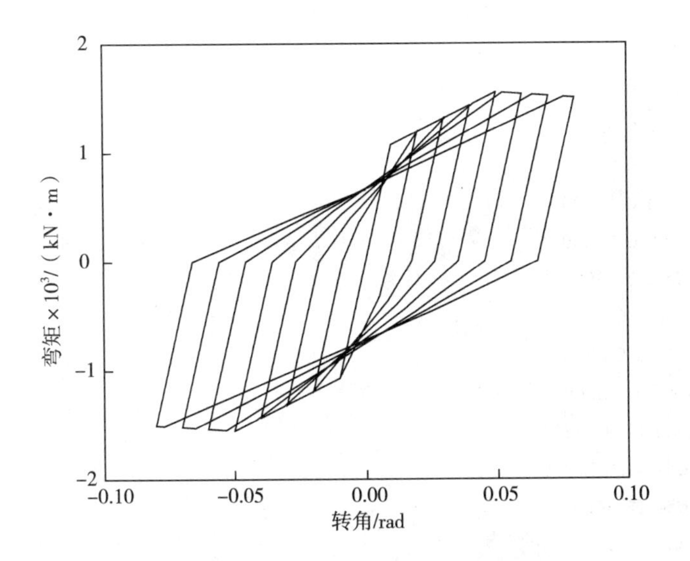

图2-12 高强单边螺栓屈服特性

装配式楼板采用钢筋桁架-混凝土组合楼板。该楼板采用钢筋组成三角桁架，混凝土浇筑时楼板底部铝模承受施工荷载，混凝土养护完成后无须拆除铝模，保证了楼板底面光滑平整。楼板厚度为150 mm，钢筋桁架高度为110 mm，上下侧保护层厚度为20 mm，楼板宽度为2100 mm，混凝土强度等级为C30。楼板顶、底部分别配置Φ8 mm的HRB400纵向钢筋10根和18根。为加强楼板工作性能，避免由负弯矩导致的过早破坏，对柱端附近楼板进行钢筋加密。楼板浇筑混凝土前预留孔洞，确保后期与框架梁螺栓拼装连接。混凝土楼板与型钢梁之间完全抗剪连接，忽略两者的相对滑移。

装配式框架每跨承受质量180 t，集中于梁柱节点处，边柱和中柱节点处质量分别为90 t和180 t。结构的阻尼比为0.035，介于钢结构和钢混结构之间。结构抗震设防烈度为8度，设计基本地震加速度为0.3g，位于第Ⅱ类场地第二组，罕遇地震水平加速度峰值为510 gal。选取El－Centro（1940）地震波作为水平地震激励，研究装配式结构在罕遇地震下的响应。

参考代码

```
X1   wipe
X2   model basic - ndm 2 - ndf 3
X3   #N mm ton#

#定义节点坐标#
X4   node 1 0 0
X5   node 2 0 4500
X6   node 3 0 9000
X7   node 4 0 12600
X8   node 5 0 16200
X9   node 6 0 19800
X10   node 7 0 23400
X11   node 8 0 27000
X12   node 9 0 30600
X13   node 10 0 34200
X14   node 11 0 37800
X15   node 12 9000 0
X16   node 13 9000 4500
X17   node 15 9000 9000
X18   node 16 9000 12600
X19   node 17 9000 16200
X20   node 18 9000 19800
X21   node 19 9000 23400
X22   node 20 9000 27000
```

```
X23   node 21 9000 30600
X24   node 22 9000 34200
X25   node 23 9000 37800
X26   node 24 18000 0
X27   node 25 18000 4500
X28   node 27 18000 9000
X29   node 28 18000 12600
X30   node 29 18000 16200
X31   node 30 18000 19800
X32   node 31 18000 23400
X33   node 32 18000 27000
X34   node 33 18000 30600
X35   node 34 18000 34200
X36   node 35 18000 37800
X37   node 36 27000 0
X38   node 37 27000 4500
X39   node 38 27000 9000
X40   node 39 27000 12600
X41   node 40 27000 16200
X42   node 41 27000 19800
X43   node 42 27000 23400
X44   node 43 27000 27000
X45   node 44 27000 30600
X46   node 45 27000 34200
X47   node 46 27000 37800
X48   node 47 0 4500
X49   node 48 9000 4500
X50   node 49 9000 4500
X51   node 51 18000 4500
X52   node 52 18000 4500
X53   node 53 27000 4500
X54   node 54 0 9000
X55   node 55 9000 9000
X56   node 56 9000 9000
X57   node 58 18000 9000
X58   node 59 18000 9000
X59   node 60 27000 9000
```

```
X60   node 61 0 12600
X61   node 62 9000 12600
X62   node 63 9000 12600
X63   node 64 18000 12600
X64   node 65 18000 12600
X65   node 66 27000 12600
X66   node 67 0 16200
X67   node 68 9000 16200
X68   node 69 9000 16200
X69   node 70 18000 16200
X70   node 71 18000 16200
X71   node 72 27000 16200
X72   node 73 0 19800
X73   node 74 9000 19800
X74   node 75 9000 19800
X75   node 76 18000 19800
X76   node 77 18000 19800
X77   node 78 27000 19800
X78   node 79 0 23400
X79   node 80 9000 23400
X80   node 81 9000 23400
X81   node 82 18000 23400
X82   node 83 18000 23400
X83   node 84 27000 23400
X84   node 85 0 27000
X85   node 86 9000 27000
X86   node 87 9000 27000
X87   node 88 18000 27000
X88   node 89 18000 27000
X89   node 90 27000 27000
X90   node 91 0 30600
X91   node 92 9000 30600
X92   node 93 9000 30600
X93   node 94 18000 30600
X94   node 95 18000 30600
X95   node 96 27000 30600
X96   node 97 0 34200
```

```
X97   node 98 9000 34200
X98   node 99 9000 34200
X99   node 100 18000 34200
X100  node 101 18000 34200
X101  node 102 27000 34200
X102  node 103 0 37800
X103  node 104 9000 37800
X104  node 105 9000 37800
X105  node 106 18000 37800
X106  node 107 18000 37800
X107  node 108 27000 37800

#定义质量#
X108  mass 2 90 90 0
X109  mass 3 90 90 0
X110  mass 4 90 90 0
X111  mass 5 90 90 0
X112  mass 6 90 90 0
X113  mass 7 90 90 0
X114  mass 8 90 90 0
X115  mass 9 90 90 0
X116  mass 10 90 90 0
X117  mass 11 90 90 0
X118  mass 16 180 180 0
X119  mass 17 180 180 0
X120  mass 18 180 180 0
X121  mass 19 180 180 0
X122  mass 20 180 180 0
X123  mass 21 180 180 0
X124  mass 22 180 180 0
X125  mass 23 180 180 0
X126  mass 28 180 180 0
X127  mass 29 180 180 0
X128  mass 30 180 180 0
X129  mass 31 180 180 0
X130  mass 32 180 180 0
X131  mass 33 180 180 0
```

```
X132   mass 34 180 180 0
X133   mass 35 180 180 0
X134   mass 37 90 90 0
X135   mass 38 90 90 0
X136   mass 39 90 90 0
X137   mass 40 90 90 0
X138   mass 41 90 90 0
X139   mass 42 90 90 0
X140   mass 43 90 90 0
X141   mass 44 90 90 0
X142   mass 45 90 90 0
X143   mass 46 90 90 0
X144   mass 13 180 180 0
X145   mass 15 180 180 0
X146   mass 25 180 180 0
X147   mass 27 180 180 0

#定义主从节点#
X148   equalDOF 2 47 1 2
X149   equalDOF 3 54 1 2
X150   equalDOF 4 61 1 2
X151   equalDOF 5 67 1 2
X152   equalDOF 6 73 1 2
X153   equalDOF 7 79 1 2
X154   equalDOF 8 85 1 2
X155   equalDOF 9 91 1 2
X156   equalDOF 10 97 1 2
X157   equalDOF 11 103 1 2
X158   equalDOF 13 48 1 2
X159   equalDOF 13 49 1 2
X160   equalDOF 15 55 1 2
X161   equalDOF 15 56 1 2
X162   equalDOF 16 62 1 2
X163   equalDOF 16 63 1 2
X164   equalDOF 17 68 1 2
X165   equalDOF 17 69 1 2
X166   equalDOF 18 74 1 2
```

```
X167   equalDOF 18 75 1 2
X168   equalDOF 19 80 1 2
X169   equalDOF 19 81 1 2
X170   equalDOF 20 86 1 2
X171   equalDOF 20 87 1 2
X172   equalDOF 21 92 1 2
X173   equalDOF 21 93 1 2
X174   equalDOF 22 98 1 2
X175   equalDOF 22 99 1 2
X176   equalDOF 23 104 1 2
X177   equalDOF 23 105 1 2
X178   equalDOF 25 51 1 2
X179   equalDOF 25 52 1 2
X180   equalDOF 27 58 1 2
X181   equalDOF 27 59 1 2
X182   equalDOF 28 64 1 2
X183   equalDOF 28 65 1 2
X184   equalDOF 29 70 1 2
X185   equalDOF 29 71 1 2
X186   equalDOF 30 76 1 2
X187   equalDOF 30 77 1 2
X188   equalDOF 31 82 1 2
X189   equalDOF 31 83 1 2
X190   equalDOF 32 88 1 2
X191   equalDOF 32 89 1 2
X192   equalDOF 33 94 1 2
X193   equalDOF 33 95 1 2
X194   equalDOF 34 100 1 2
X195   equalDOF 34 101 1 2
X196   equalDOF 35 106 1 2
X197   equalDOF 35 107 1 2
X198   equalDOF 37 53 1 2
X199   equalDOF 38 60 1 2
X200   equalDOF 39 66 1 2
X201   equalDOF 40 72 1 2
X202   equalDOF 41 78 1 2
X203   equalDOF 42 84 1 2
```

```
X204   equalDOF 43 90 1 2
X205   equalDOF 44 96 1 2
X206   equalDOF 45 102 1 2
X207   equalDOF 46 108 1 2

#定义固定支座#
X208   fix 1 1 1 1
X209   fix 12 1 1 1
X210   fix 24 1 1 1
X211   fix 36 1 1 1

#定义梁、柱材料#
X212   uniaxialMaterial Steel02 1 345 206000 0.01 18.5 0.925 0.15 0 1 0 1   #345钢材#
X213   uniaxialMaterial Concrete02 4 -31.59 -0.0022 -25.78 -0.009 0.1 3.54
4062.5   #混凝土#
X214   uniaxialMaterial Hysteretic 7 107.086E07 10E-3 155.226E07 50E-3 148.382E07
90E-3 -107.086E07 -10E-3 -155.226E07 -50E-3 -148.382E07 -90E-3 0.3 0.3 0.01 0.01
0.01   #梁柱节点#
X215   uniaxialMaterial Concrete02 10 -28.63 -0.002 -5.73 -0.004 0.1 2.85 3500
#混凝土#
X216   uniaxialMaterial Steel02 11 392 200000 0.01 18.5 0.925 0.15 0 1 0 1   #400
钢筋#

#1-2层柱截面#
X217   section Fiber 1 {
X218   patch rect 1 1 34 -350 -350 -334 350
X219   patch rect 1 1 34 334 -350 350 350
X220   patch rect 1 35 1 -334 334 334 350
X221   patch rect 1 35 1 -334 -350 334 -334
X222   patch rect 1 1 24 -250 -250 -236 250
X223   patch rect 1 1 24 236 -250 250 250
X224   patch rect 1 25 1 -236 236 236 250
X225   patch rect 1 25 1 -236 -250 236 -236
X226   patch rect 4 5 35 -334 -334 -250 334
X227   patch rect 4 5 35 250 -334 334 334
X228   patch rect 4 25 5 -250 250 250 334
X229   patch rect 4 25 5 -250 -334 250 -250
X230   }
```

```
#3-7层柱截面#
X231  section Fiber 2 {
X232  patch rect 1 1 34 -325 -325 -311 325
X233  patch rect 1 1 34 311 -325 325 325
X234  patch rect 1 35 1 -311 311 311 325
X235  patch rect 1 35 1 -311 -325 311 -311
X236  patch rect 1 1 24 -225 -225 -213 225
X237  patch rect 1 1 24 213 -225 225 225
X238  patch rect 1 25 1 -213 213 213 225
X239  patch rect 1 25 1 -213 -225 213 -213
X240  patch rect 4 5 35 -311 -311 -225 311
X241  patch rect 4 5 35 225 -311 311 311
X242  patch rect 4 25 5 -225 225 225 311
X243  patch rect 4 25 5 -225 -311 225 -225
X244  }

#8-10层柱截面#
X245  section Fiber 3 {
X246  patch rect 1 1 34 -300 -300 -288 300
X247  patch rect 1 1 34 288 -300 300 300
X248  patch rect 1 35 1 -288 288 288 300
X249  patch rect 1 35 1 -288 -300 288 -288
X250  patch rect 1 1 24 -200 -200 -190 200
X251  patch rect 1 1 24 190 -200 200 200
X252  patch rect 1 25 1 -190 190 190 200
X253  patch rect 1 25 1 -190 -200 190 -190
X254  patch rect 4 5 35 -288 -288 -200 288
X255  patch rect 4 5 35 200 -288 288 288
X256  patch rect 4 25 5 -200 200 200 288
X257  patch rect 4 25 5 -200 -288 200 -200
X258  }

#梁截面#
X259  section Fiber 4 {
X260  patch rect 1 2 10 -300 -150 -280 150
X261  patch rect 1 2 10 280 -150 300 150
X262  patch rect 1 20 2 -280 -7.5 280 7.5
```

```
X263  patch rect 10 5 60 300  -1050 450 1050
X264  layer straight 11 10 50.265 430  -950 430 950
X265  layer straight 11 18 50.265 320  -1000 320 1000
X266  }

#几何定义#
X267  geomTransf Corotational 1
X268  geomTransf Linear 2

#柱单元#
X269  element dispBeamColumn 1 1 2 5 1 1
X270  element dispBeamColumn 2 2 3 5 1 1
X271  element dispBeamColumn 3 3 4 5 2 1
X272  element dispBeamColumn 4 4 5 5 2 1
X273  element dispBeamColumn 5 5 6 5 2 1
X274  element dispBeamColumn 6 6 7 5 2 1
X275  element dispBeamColumn 7 7 8 5 2 1
X276  element dispBeamColumn 8 8 9 5 3 1
X277  element dispBeamColumn 9 9 10 5 3 1
X278  element dispBeamColumn 10 10 11 5 3 1
X279  element dispBeamColumn 11 15 16 5 2 1
X280  element dispBeamColumn 12 16 17 5 2 1
X281  element dispBeamColumn 13 17 18 5 2 1
X282  element dispBeamColumn 14 18 19 5 2 1
X283  element dispBeamColumn 15 19 20 5 2 1
X284  element dispBeamColumn 16 20 21 5 3 1
X285  element dispBeamColumn 17 21 22 5 3 1
X286  element dispBeamColumn 18 22 23 5 3 1
X287  element dispBeamColumn 19 27 28 5 2 1
X288  element dispBeamColumn 20 28 29 5 2 1
X289  element dispBeamColumn 21 29 30 5 2 1
X290  element dispBeamColumn 22 30 31 5 2 1
X291  element dispBeamColumn 23 31 32 5 2 1
X292  element dispBeamColumn 24 32 33 5 3 1
X293  element dispBeamColumn 25 33 34 5 3 1
X294  element dispBeamColumn 26 34 35 5 3 1
X295  element dispBeamColumn 27 36 37 5 1 1
```

```
X296   element dispBeamColumn 28 37 38 5 1 1
X297   element dispBeamColumn 29 38 39 5 2 1
X298   element dispBeamColumn 30 39 40 5 2 1
X299   element dispBeamColumn 31 40 41 5 2 1
X300   element dispBeamColumn 32 41 42 5 2 1
X301   element dispBeamColumn 33 42 43 5 2 1
X302   element dispBeamColumn 34 43 44 5 3 1
X303   element dispBeamColumn 35 44 45 5 3 1
X304   element dispBeamColumn 36 45 46 5 3 1
X305   element dispBeamColumn 133 12 13 5 1 1
X306   element dispBeamColumn 134 13 15 5 1 1
X307   element dispBeamColumn 135 24 25 5 1 1
X308   element dispBeamColumn 136 25 27 5 1 1

#梁单元#
X309   element dispBeamColumn 37 47 48 5 4 2
X310   element dispBeamColumn 38 49 51 5 4 2
X311   element dispBeamColumn 40 52 53 5 4 2
X312   element dispBeamColumn 41 54 55 5 4 2
X313   element dispBeamColumn 42 56 58 5 4 2
X314   element dispBeamColumn 44 59 60 5 4 2
X315   element dispBeamColumn 45 61 62 5 4 2
X316   element dispBeamColumn 46 63 64 5 4 2
X317   element dispBeamColumn 47 65 66 5 4 2
X318   element dispBeamColumn 48 67 68 5 4 2
X319   element dispBeamColumn 49 69 70 5 4 2
X320   element dispBeamColumn 50 71 72 5 4 2
X321   element dispBeamColumn 51 73 74 5 4 2
X322   element dispBeamColumn 52 75 76 5 4 2
X323   element dispBeamColumn 53 77 78 5 4 2
X324   element dispBeamColumn 54 79 80 5 4 2
X325   element dispBeamColumn 55 81 82 5 4 2
X326   element dispBeamColumn 56 83 84 5 4 2
X327   element dispBeamColumn 57 85 86 5 4 2
X328   element dispBeamColumn 58 87 88 5 4 2
X329   element dispBeamColumn 59 89 90 5 4 2
X330   element dispBeamColumn 60 91 92 5 4 2
```

```
X331  element dispBeamColumn 61 93 94 5 4 2
X332  element dispBeamColumn 62 95 96 5 4 2
X333  element dispBeamColumn 63 97 98 5 4 2
X334  element dispBeamColumn 64 99 100 5 4 2
X335  element dispBeamColumn 65 101 102 5 4 2
X336  element dispBeamColumn 66 103 104 5 4 2
X337  element dispBeamColumn 67 105 106 5 4 2
X338  element dispBeamColumn 68 107 108 5 4 2

#梁柱节点#
X339  element zeroLength 69 2 47  - mat 7  - dir 3
X340  element zeroLength 70 3 54  - mat 7  - dir 3
X341  element zeroLength 71 4 61  - mat 7  - dir 3
X342  element zeroLength 72 5 67  - mat 7  - dir 3
X343  element zeroLength 73 6 73  - mat 7  - dir 3
X344  element zeroLength 74 7 79  - mat 7  - dir 3
X345  element zeroLength 75 8 85  - mat 7  - dir 3
X346  element zeroLength 76 9 91  - mat 7  - dir 3
X347  element zeroLength 77 10 97  - mat 7  - dir 3
X348  element zeroLength 78 11 103  - mat 7  - dir 3
X349  element zeroLength 79 13 48  - mat 7  - dir 3
X350  element zeroLength 80 13 49  - mat 7  - dir 3
X351  element zeroLength 81 15 55  - mat 7  - dir 3
X352  element zeroLength 82 15 56  - mat 7  - dir 3
X353  element zeroLength 83 16 62  - mat 7  - dir 3
X354  element zeroLength 84 16 63  - mat 7  - dir 3
X355  element zeroLength 85 17 68  - mat 7  - dir 3
X356  element zeroLength 86 17 69  - mat 7  - dir 3
X357  element zeroLength 87 18 74  - mat 7  - dir 3
X358  element zeroLength 88 18 75  - mat 7  - dir 3
X359  element zeroLength 89 19 80  - mat 7  - dir 3
X360  element zeroLength 90 19 81  - mat 7  - dir 3
X361  element zeroLength 91 20 86  - mat 7  - dir 3
X362  element zeroLength 92 20 87  - mat 7  - dir 3
X363  element zeroLength 93 21 92  - mat 7  - dir 3
X364  element zeroLength 94 21 93  - mat 7  - dir 3
X365  element zeroLength 95 22 98  - mat 7  - dir 3
```

```
X366   element zeroLength 96 22 99 -mat 7 -dir 3
X367   element zeroLength 97 23 104 -mat 7 -dir 3
X368   element zeroLength 98 23 105 -mat 7 -dir 3
X369   element zeroLength 99 25 51 -mat 7 -dir 3
X370   element zeroLength 100 25 52 -mat 7 -dir 3
X371   element zeroLength 101 27 58 -mat 7 -dir 3
X372   element zeroLength 102 27 59 -mat 7 -dir 3
X373   element zeroLength 103 28 64 -mat 7 -dir 3
X374   element zeroLength 104 28 65 -mat 7 -dir 3
X375   element zeroLength 105 29 70 -mat 7 -dir 3
X376   element zeroLength 106 29 71 -mat 7 -dir 3
X377   element zeroLength 107 30 76 -mat 7 -dir 3
X378   element zeroLength 108 30 77 -mat 7 -dir 3
X379   element zeroLength 109 31 82 -mat 7 -dir 3
X380   element zeroLength 110 31 83 -mat 7 -dir 3
X381   element zeroLength 111 32 88 -mat 7 -dir 3
X382   element zeroLength 112 32 89 -mat 7 -dir 3
X383   element zeroLength 113 33 94 -mat 7 -dir 3
X384   element zeroLength 114 33 95 -mat 7 -dir 3
X385   element zeroLength 115 34 100 -mat 7 -dir 3
X386   element zeroLength 116 34 101 -mat 7 -dir 3
X387   element zeroLength 117 35 106 -mat 7 -dir 3
X388   element zeroLength 118 35 107 -mat 7 -dir 3
X389   element zeroLength 119 37 53 -mat 7 -dir 3
X390   element zeroLength 120 38 60 -mat 7 -dir 3
X391   element zeroLength 121 39 66 -mat 7 -dir 3
X392   element zeroLength 122 40 72 -mat 7 -dir 3
X393   element zeroLength 123 41 78 -mat 7 -dir 3
X394   element zeroLength 124 42 84 -mat 7 -dir 3
X395   element zeroLength 125 43 90 -mat 7 -dir 3
X396   element zeroLength 126 44 96 -mat 7 -dir 3
X397   element zeroLength 127 45 102 -mat 7 -dir 3
X398   element zeroLength 128 46 108 -mat 7 -dir 3

#定义数据输出#
X399   recorder Node -file disp.txt -time -nodeRange 1 108 -dof 1 2 3 disp
X400   recorder Element -file eleforce1.txt -time -eleRange 1 68 localForce
```

```
    X401  recorder Element -file eleforce2.txt -time -eleRange 133 136 localForce
    X402  recorder Node  -file reaction.txt  -time -node 1 12 24 36  -dof 1 2 3
  reaction
    #模态分析及阻尼定义#
    X403  set xDamp 0.035
    X404  set nEigenI 1
    X405  set nEigenJ 2
    X406  set lambdaN [eigen [expr $nEigenJ]]
    X407  set lambdaI [lindex $lambdaN [expr $nEigenI-1]]
    X408  set lambdaJ [lindex $lambdaN [expr $nEigenJ-1]]
    X409  set omegaI [expr pow($lambdaI,0.5)]
    X410  set omegaJ [expr pow($lambdaJ,0.5)]
    X411  set alphaM [expr $xDamp*(2*$omegaI*$omegaJ)/($omegaI+$omegaJ)]
    X412  set betaKinit [expr 2.*$xDamp/($omegaI+$omegaJ)]
    X413  rayleigh $alphaM 0 $betaKinit 0
    X414  puts "rad frequence  w1:[expr $omegaJ],w2:[ expr $omegaI]"
    X415  puts "sec frequence  t1:[expr 6.28/$omegaJ],t2:[ expr 6.28/$omegaI]"
    X416  puts "Eigen end"

    #定义重力和水平地震力#
    X417  loadConst -time 0.0
    X418  timeSeries  Constant  2   -factor  9.8e3
    X419  timeSeries Path  1   -dt  0.02   -filePath  unit_el.txt  -factor 510  -
startTime 5
    X420  pattern UniformExcitation  1  1  -accel  1
    X421  pattern UniformExcitation  2  2  -accel  2

    #定义分析方法#
    X422  constraints  Plain
    X423  numberer Plain
    X424  system BandGeneral
    X425  test NormDispIncr  1.0e-8  10  2
    X426  algorithm  Newton
    X427  integrator  Newmark  0.5  0.25
    X428  analysis Transient
    X429  analyze 3000 0.02
    X430  puts "Nonlinear Analysis End"
```

第3章　虚拟混合试验

虚拟混合试验是拟动力混合试验前的全过程模拟，它与真实混合试验使用相同的有限元分析软件、MTS加载控制软件及数据交互软件，帮助研究者在计算机上全过程、高仿真的模拟混合试验的操作步骤。虚拟混合试验用于真实试验前的各项准备工作验证、试验流程的全模拟和试验结果预期。

3.1　子结构划分

混合试验将研究对象(整体框架)划分为数值子结构和试验子结构，其原理如图3-1所示。右侧柱(节点10、11、12)划分为试验子结构，其余梁柱单元划分为数值子结构。数值子结构和试验子结构在节点11、12处进行水平方向位移和反馈力交互。

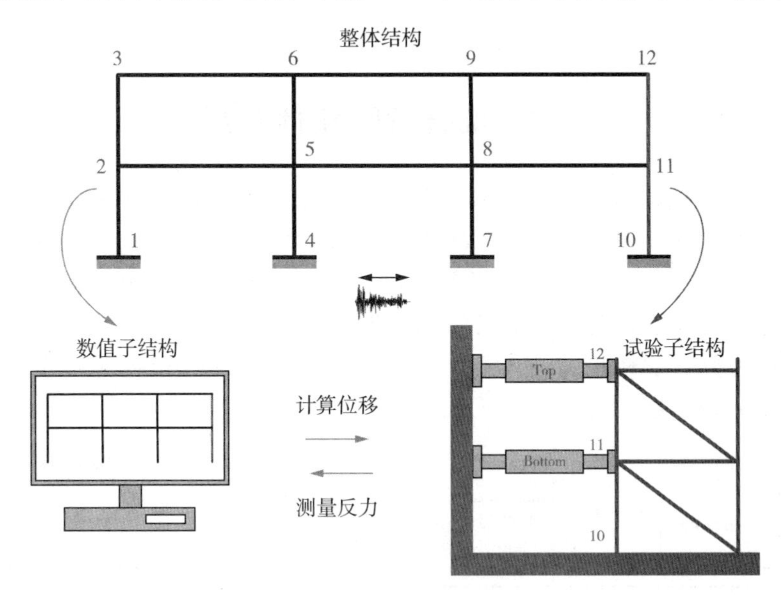

图3-1　混合试验原理图

图 3-2 为试验构件模型，试样为带斜撑的二层缩尺钢框架。在一、二层顶（节点 11、12）拟分别采用 100 kN 的 MTS 244.22 作动器进行加载，框架底部（节点 12）采用螺栓固定于支座。

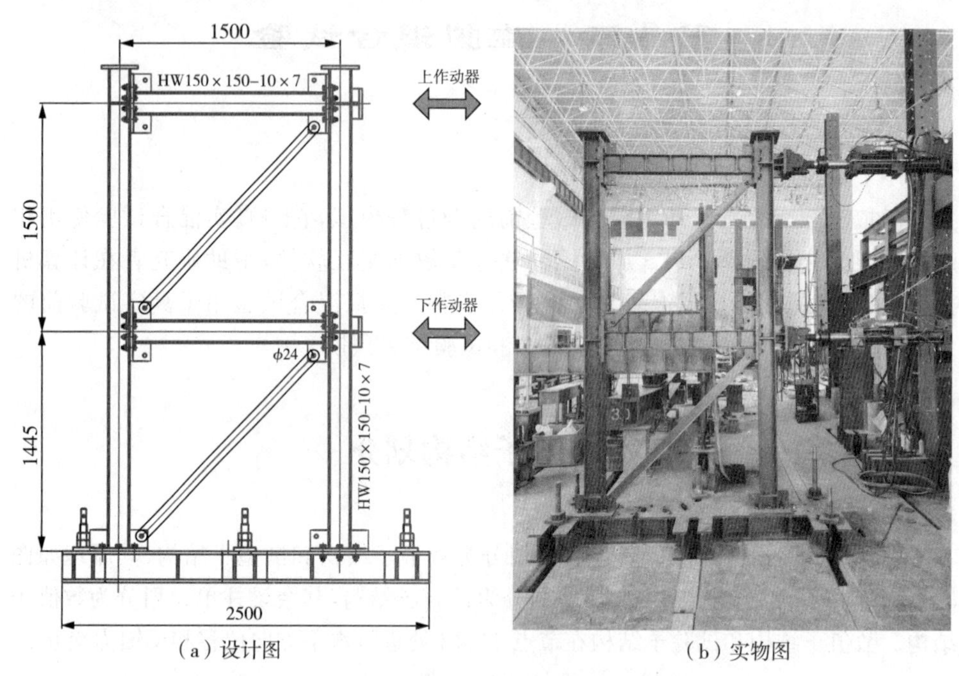

（a）设计图 （b）实物图

图 3-2 试验构件模型

3.2 混合试验软件介绍

虚拟混合试验是真实混合试验前的预模拟，目的是跑通试验流程，发现试验问题，预测试验结果，它与真实混合试验的试验流程完全相同，唯一区别在于试验构件的反馈力并非由作动器加载试验得到，而是由 MTS 793 软件中预设函数计算得出。因此，虚拟混合试验是真实混合试验前的重要准备工作，无任何危险性。

混合试验需要使用 4 个软件，包括 OpenSEES、OpenFresco、CSIC 和 MTS 793，其软件工作流程如图 3-3 所示。

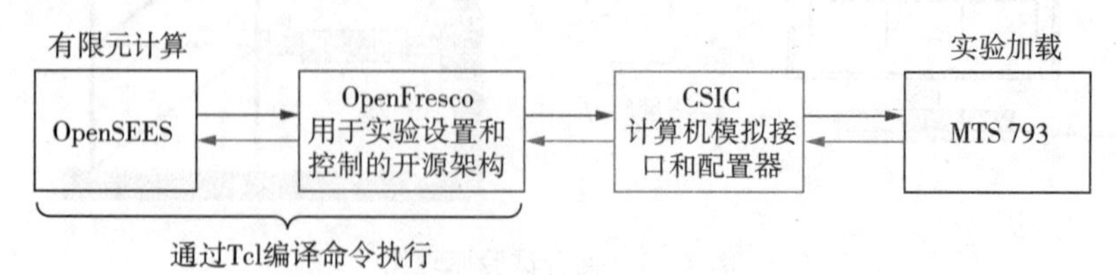

图 3-3 软件工作流程

1. OpenSEES

OpenSEES用于结构的数值动力分析,包括数值子结构的有限元建模,数值子结构反馈力计算,数值子结构和试验子结构反馈力组装,结构位移时程分析。软件无可视化界面,通过 Tcl 编译命令执行,但可使用可视化工具 OpenSEES Navigator 辅助建模,如图 3-4(a)所示。

OpenSEES 中,通过有限元的积分计算,将得到整体结构在地震作用下每一时刻各节点位移 $\boldsymbol{u}_i$ 和反力 $\boldsymbol{F}_i$ 响应。

2. OpenFresco

OpenFresco 用于试验设置和控制的开源架构,该软件是一个独立于环境的框架,它将有限元模型与试验室中的控制和数据采集系统连接起来,以促进试验系统的混合模拟。程序向 CSIC 软件输出试验子结构位移指令信号,向 OpenSEES 中输入试验子结构反馈力信号,暂无可视化界面,同样通过 Tcl 编译命令执行,如图 3-4(b)所示。

OpenFresco 中,将从 $\boldsymbol{u}_i$、$\boldsymbol{F}_i$ 中筛选出子结构界面处的节点数据交互类型,输出节点位移指令 u_i^{11x},u_i^{12x},…,输入反馈力指令 f_i^{11x},f_i^{12x},…。此过程中,若数值子结构和试验子结构构造比例不同,需要进行尺寸缩放调整。

OpenFresco 主要通过试验单元、试验站点、试验设置、试验控制几个部分进行有限元软件和伺服控制软件数据交互。

3. CSIC

CSIC 提供高级编程接口,连接到 MTS 控制器并执行常见的结构测试命令和数据采集操作。程序将 OpenFresco 的输入、输出信号按顺序分配给液压伺服系统控制软件 MTS 793,使作动器实现外部信号控制,如图 3-4(c)所示。

CSIC 中,将位移和反馈力指令分配至各作动器,u_i^{11x}、f_i^{11x} 分配给 Actuator 1,u_i^{12x}、f_i^{12x} 分配给 Actuator 2,进行位移加载和反馈力测量。此过程需要考虑数值子结构建模单位和作动器加载单位匹配。

4. MTS 793

MTS 液压伺服系统控制软件用于控制作动器在量程范围内伸缩加载。一般拟静力试验多采用手动控制,而混合试验将使用 CSIC 软件实现外部信号控制。虚拟混合试验在 MTS 793 中建立虚拟站点,作动器实际上不进行工作,仅通过 MTS 793 中的预设函数计算出反力,并与有限元进行数据交互,如图 3-4(d)所示。

MTS 793 将根据位移指令信号伸缩作动器活塞杆,对构件进行拉伸压缩加载。待加载到指定位置时,测量反馈力,返回数据结果。

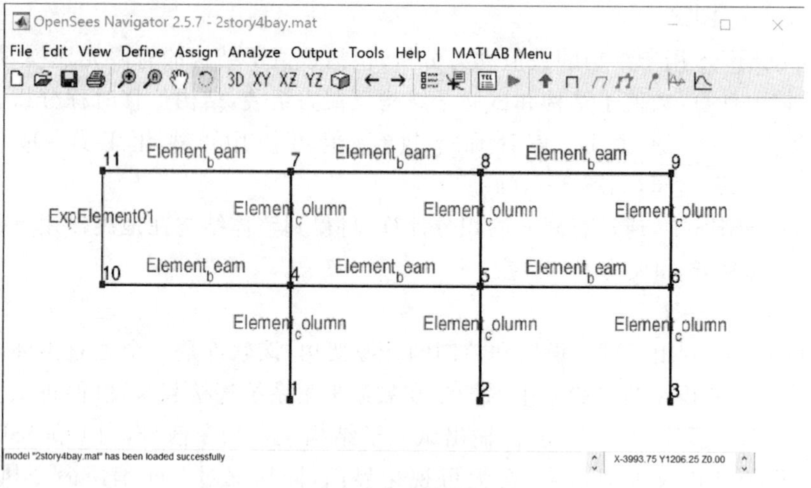

(a) OpenSEES

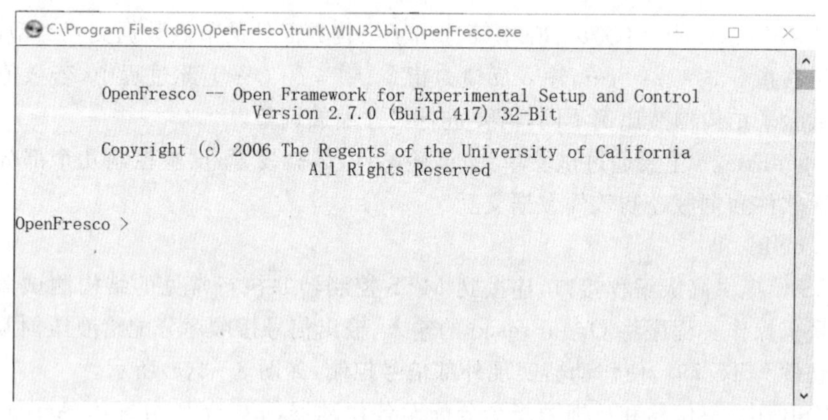

(b) OpenFresco

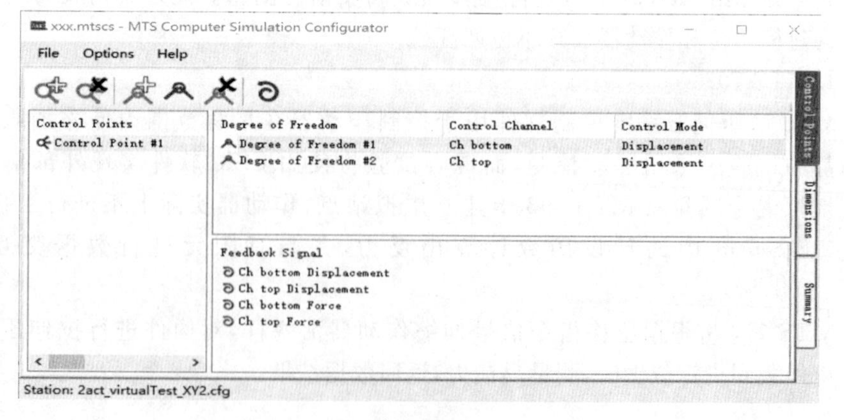

(c) CSIC

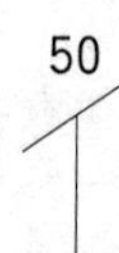

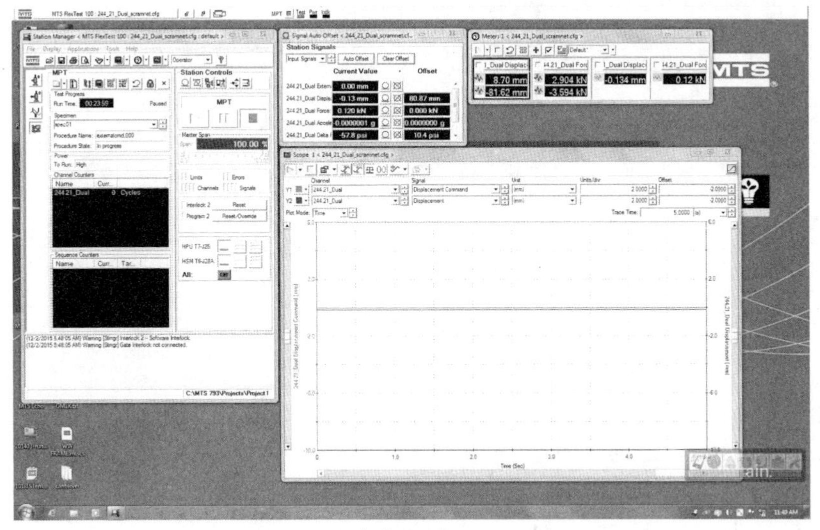

（d）MTS 793

图 3－4 混合试验软件

上述软件介绍显示，混合试验通过 OpenFresco 和 CSIC 将有限元分析和伺服加载系统联系起来，形成了计算前馈与加载反馈的闭环逻辑控制，试验开始后除人为干预外无法自动中断。因此，虚拟混合试验是检验真实混合试验前的各项准备工作、熟悉试验流程和预期试验结果的重要步骤，只有完成了虚拟混合试验才能进行真实试验。

3.3 虚拟混合试验的步骤

1. 子结构建模和数据交互定义

此步包含 OpenSEES 建模和 OpenFresco 交互指令，均采用 Tcl 编译命令执行。

(1)数值子结构建模

此处仍采用图 2－1 所示的模型，数值子结构建模与第二章类似，代码如下：

```
#全局定义#
L1   #define unit:N mm ton s
L2   wipe
L3   logFile "2story4bay.log"      #OpenSEES 混合试验日志文件#
```

```
L4  model basic -ndm 2 -ndf 3
L5  if {[file exists output]==0} {file mkdir output;}

#定义节点#
L6  node 1 0 0
L7  node 2 0 4500
L8  node 3 0 9000
L9  node 4 6000 0
L10  node 5 6000 4500
L11  node 6 6000 9000
L12  node 7 12000 0
L13  node 8 12000 4500
L14  node 9 12000 9000
L15  node 10 18000 0
L16  node 11 18000 4500
L17  node 12 18000 9000

#定义约束#
L18  fix1 1 1 1
L19  fix4 1 1 1
L20  fix7 1 1 1
L21  fix10 1 1 1

#定义主从节点#
L22  equalDOF 2 5 1
L23  equalDOF 2 8 1
L24  equalDOF 2 11 1
L25  equalDOF 3 6 1
L26  equalDOF 3 9 1
L27  equalDOF 3 12 1

#定义材料#
L28  uniaxialMaterial Steel02 1 345 2.06e5 0.01 18.5 0.925 0.15 0 1 0
1

#定义截面#
L29  section Fiber 1 {
```

```
L30  patch rect  1  2  10   -200-100 -187  100
L31  patch rect  1  2  10  187-100 200 100
L32  patch rect  1  20  2   -187-41874
L33  }     #梁截面#
L34  section Fiber 2 {
L35  patch rect  1  2  10   -200-200-179200
L36  patch rect  1  2  10  179-200200200
L37  patch rect  1  20  2   -179-6.51796.5
L38  }     #柱截面#
L39  L39#定义几何变换#
L40  geomTransf Linear 1

#定义梁单元#
L41  element dispBeamColumn  1  2  5  6  1  1
L42  element dispBeamColumn  2  5  8  6  1  1
L43  element dispBeamColumn  3  8  11  6  1  1
L44  element dispBeamColumn  4  3  6  6  1  1
L45  element dispBeamColumn  5  6  9  6  1  1
L46  element dispBeamColumn  6  9  12  6  1  1

#定义柱单元#
L47  element dispBeamColumn  7  1  2  3  2  1
L48  element dispBeamColumn  8  2  3  3  2  1
L49  element dispBeamColumn  9  4  5  3  2  1
L50  element dispBeamColumn  10  5  6  3  2  1
L51  element dispBeamColumn  11  7  8  3  2  1
L52  element dispBeamColumn  12  8  9  3  2  1

#定义边柱为桁架,仅具有垂直支撑作用,水平反力由试验单元模拟#
L53  element trussSection  13  10  11  2
L54  element trussSection  14  11  12  2

#定义质量#
L55  mass  2  30  30  0
L56  mass  3  30  30  0
L57  mass  5  30  30  0
L58  mass  6  30  30  0
```

```
L59  mass  8  30  30  0
L60  mass  9  30  30  0
L61  mass  11  30  30  0
L62  mass  12  30  30  0
```

(2)试验控制系统定义

① 调用 OpenFresco 函数

OpenFresco 设置流程如图 3-5 所示。

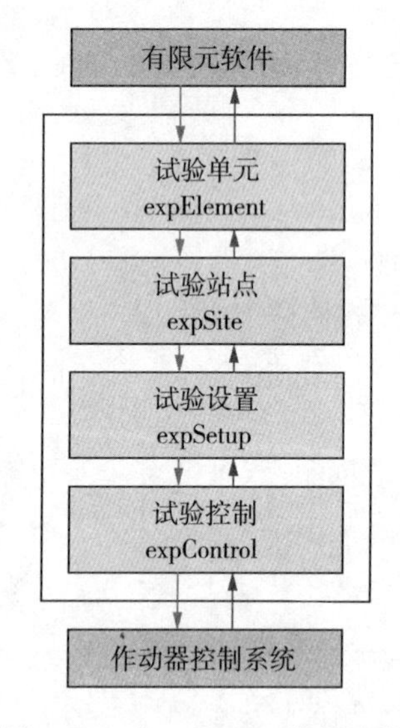

图 3-5 OpenFresco 设置流程

代码如下：

```
L63  loadPackage  OpenFresco  #加载 OpenFresco 程序包
```

② 控制点定义

OpenSEES 命令如下：

```
expControlPoint $tag $nodeTag dir resp<-fact $f><-lim $l $u>…
```

该命令用于建立试验子结构数据交互的控制点，$tag 表示标号。

```
L64  expControlPoint  2  1  disp  2  disp  #试验单元控制点编号 2,第 1,2 个交互数据类型为位移#
L65  expControlPoint  3  1  disp  2  disp  1  force  2  force  #试验单元控制点编号 3,第 1,2 个交互数据类型为位移,第 3,4 个交互数据类型为反馈力#
```

③ 试验控制方法

OpenSEES 命令如下：

```
expControl MTSCsi $tag cfgFile<$rampTime><-ctrlFilters (5 $filterTag)>
```

该命令用于构造试验控制方式，连接试验室中不同的控制和数据采集系统。本章选用的是 MTS-Csi 控制方法。$tag 表示编试验单元控制编号，cfgFile 表示 CSIC 生成 .mtscs 文件地址，$rampTime 表示每一步加载执行时间。

代码如下：

```
L66 expControl MTSCsi 1 "D:/hybridtest/xxx.mtscs" 0.1 -trialCP 2 -outCP 3 #试验单元控制编号1,CSIC生成mtscs地址为D:/hybridtest/xxx.mtscs,每一步数值计算和液压加载时间0.1 s,位移输出采用2号控制点定义方案,反馈输入采用3号控制点定义方案#
```

④ 试验设置

OpenSEES 命令如下：

```
expSetup NoTransformation $tag <-control $ctrlTag> -dir $dirs… -sizeTrialOut $sizeTrial $sizeOut<-trialDispFact $f><-trialVelFact $f><-trialAccelFact $f><-trialForceFact $f><-trialTimeFact $f><-outDispFact $f><-outVelFact $f><-outAccelFact $f><-outForceFact $f><-outTimeFact $f>
```

$tag 表示试验设置编号，-control $ctrlTag 表示试验单元控制编号，-dir $dirs表示方向编号，-sizeTrialOut $sizeTrial $sizeOut 表示数据输出、输入尺寸，-trialDispFact $f 表示位移指令缩放比率，-outDispFact $f 表示位移反馈缩放比率，-outForceFact $f 表示反力缩放比率。

代码如下：

```
L67 expSetup NoTransformation 1 -control 1 -dir 1 2 -sizeTrialOut 2 2 -trialDispFact 0.333 0.333 -outDispFact 3 3 -outForceFact 2 2 #采用NoTransformation试验单元设置方法,编号1,试验单元控制方法1,输出2个数据(-dir 1 2),输入、输出数据(-sizeTrialOut)均为一组2个数据(x1,x2)和(f1,f2),从数值到试验子结构位移指令均缩尺0.333,从试验到数值子结构位移指令均放大3倍,反馈力均放大2倍#
```

⑤ 试验站点设置

OpenSEES 命令如下：

```
expSite LocalSite $tag $setupTag
```

$ tag 表示站点编号，$ setupTag 表示试验单元设置编号。

代码如下：

```
L68   expSite   LocalSite   1   1   #建立本地站点，站点编号1，采用1号试验单元设置方式#
```

(3)试验单元定义

OpenSEES 命令如下：

```
expElement generic $ tag - node $ Ndi… - dof $ dofNdi… - dof $ dofNdj… - site $ siteTag - initStif Kij…<- iMod><- mass Mij…>
```

该命令用于建立试验单元，$ tag 表示单元编号，－node $ Ndi 表示节点号，－dof $ dofNdi表示节点自由度，－site $ siteTag 表示站点号，－initStif Kij 表示初始刚度。generic 单元适用于各类单节点或多节点试验单元建模。

代码如下：

```
L69   expElement   generic   15   - node 11   12   - dof 1   - dof 1   - site   1   - initStif   +7.79e4   -3.16e4   -3.16e4   +2.63e4   #建立 generic 试验单元，单元编号15，起点 11，终点 12，起点自由度 x 方向，终点自由度 x 方向，站点 1，初始刚度
```

$$\begin{bmatrix} 7.79 & -3.16 \\ -3.16 & 2.63 \end{bmatrix} \times 10^4 \text{ N/mm} \#$$

上述试验单元定义如图 3-6 所示。数值子结构即单元(1)～(12)，与图 2-1 相同，但图 2-1 中所示试验单元(13)和(14)被拆成两部分，其中垂直受力部分由桁架单元模拟，水平受力单元由试验单元模拟。试验单元(15)仅由 2 个节点组成，且仅具有 11-x、12-x 两个水平自由度。

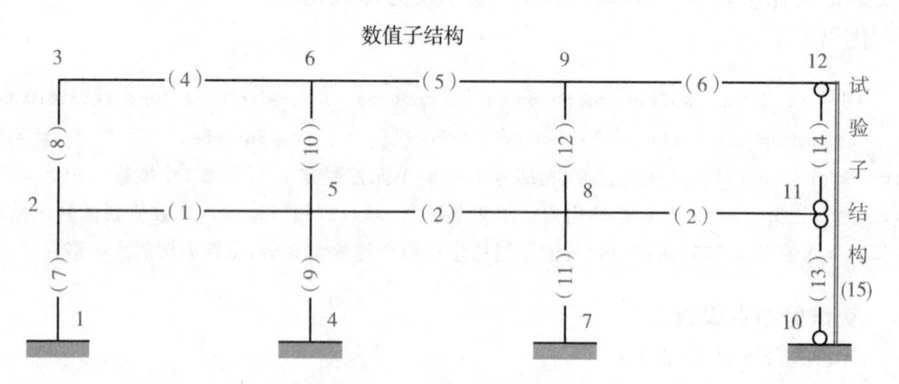

图 3-6　混合试验模型

(4)数据输出定义

代码如下：

```
#定义数据输出#
L70 recorder Node -file output/node_disp.txt -time -nodeRange 1 12 -dof 1 2 3 disp
L71 recorder Element -file output/element_force.txt -time -eleRange 1 14 globalForce
L72 recorder Node -file output/node_reaction.txt -time -node 1 4 7 10 -dof 1 2 3 reaction;
L73 recorder Drift -file output/drift1.txt -time -iNode 1 4 7 10 -jNode 2 5 8 11 -dof 1 -perpDirn 2
L74 recorder Drift -file output/drift2.txt -time -iNode 2 5 8 11 -jNode 3 6 9 12 -dof 1 -perpDirn 2
L75 recorder Element -file output/expele_GlbForc.txt -time -ele 15 force
L76 recorder Element -file output/expele_CtrlDisp.txt -time -ele 15 ctrlDisp
L77 recorder Element -file output/expele_DaqDisp.txt -time -ele 15 daqDisp
L78 expRecorder Control -file output/experimentalcontrol_CtrlSig.txt -time -control 1 ctrlSig
L79 expRecorder Control -file output/experimentalcontrol_DaqSig.txt -time -control 1 daqSig
```

(5)振动定义

代码如下：

```
#定义水平和垂直加速度#
L80 loadConst -time 0.0;
L81 timeSeries Constant 2 -factor 9.8e3
L82 pattern UniformExcitation 2 2 -accel 2 #定义垂直加速度g#
L83 timeSeries Path 1 -dt 0.02 -filePath unit_ElCentro.txt -factor 620 -startTime 5
L84 pattern UniformExcitation 1 1 -accel 1 #定义水平地震加速度#
```

```
#定义阻尼#
L85  set temp [eigen -fullGenLapack 3]
L86  scan $temp "%e  %e"  w1s  w2s
L87  set w1 [expr sqrt($w1s)]
L88  set w2 [expr sqrt($w2s)]
L89  puts "sec frequence  t1:[expr 6.28/$w1] ,t2:[ expr 6.28/$w2]"
L90  set ksi  0.02
L91  set a0 [expr $ksi*2.0*$w1*$w2/($w1+$w2)]
L92  set a1 [expr $ksi*2.0/($w1+$w2)]
L93  puts "a0:[expr $ksi*2.0*$w1*$w2/($w1+$w2)] ,a1:[expr $ksi*2.0/($w1+$w2)]"
L94  rayleigh  $a0  0.0  $a1  0.0
```

(6)分析参数定义

代码如下：

```
L95  constraints Plain
L96  numberer Plain
L97  system BandGeneral
L98  test NormDispIncr 1.0e-8 10 2
L99  algorithm Linear
L100  integrator  AlphaOSGeneralized  0.5
L101  analysis Transient
L102  analyze 3000 0.02
L103  puts "Ground Motion analysis over"
```

2. MTS 793 设置

此步需要确保电脑已正确安装 MTS 793 液压伺服系统虚拟控制软件，软件安装请咨询设备商。

(1)新建虚拟站点

① 点击“MTS 793 software”→“tools”→“Demo system loader”，加载虚拟站点文件。

② 点击“MTS 793 software”→“Station Builder”→“project 1”，新建站点文件，如图 3-7 所示。

③ “Channels”栏增加 2 个通道，例如“Ch_top”“Ch_bottom”。“Resource”选择“Virtual Output”，如图 3-8 所示。

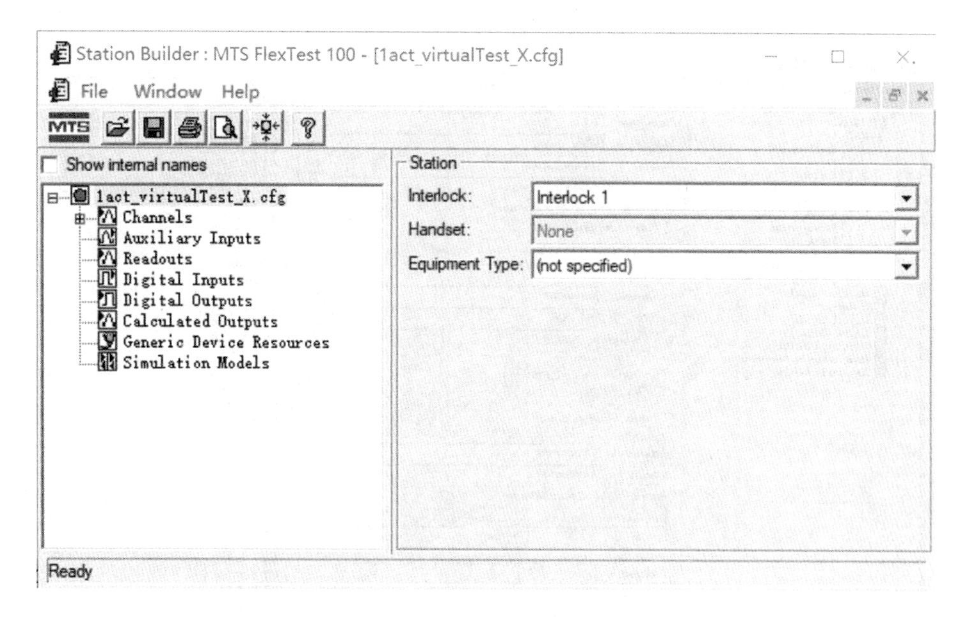

图 3-7 新建站点文件

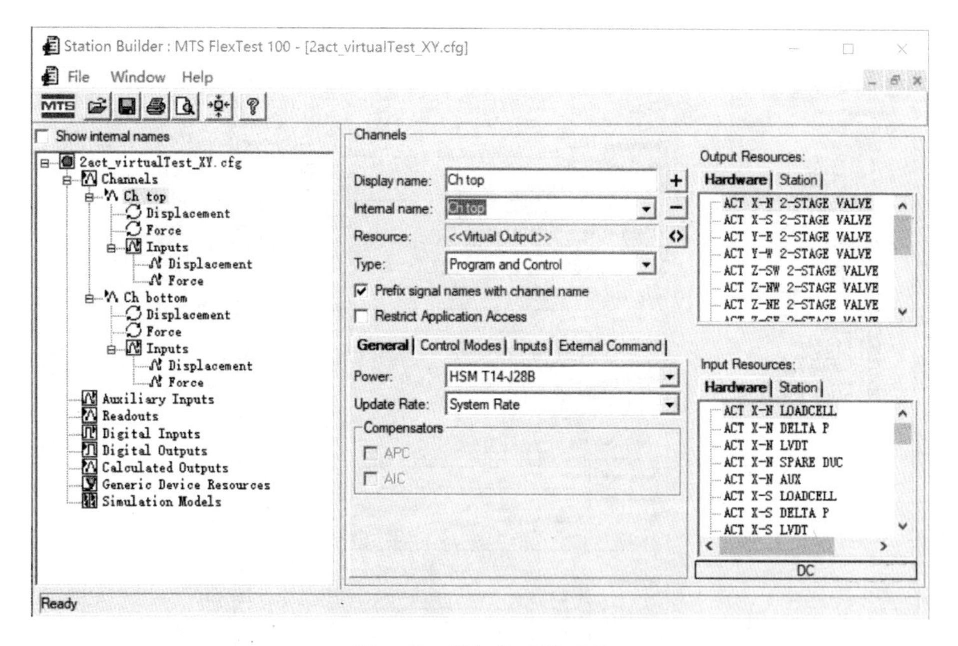

图 3-8 增加作动器通道

④ 在“Control Modes”中增加“Displacement”和“Force”，即位移控制与力控制，如图 3-9 所示。

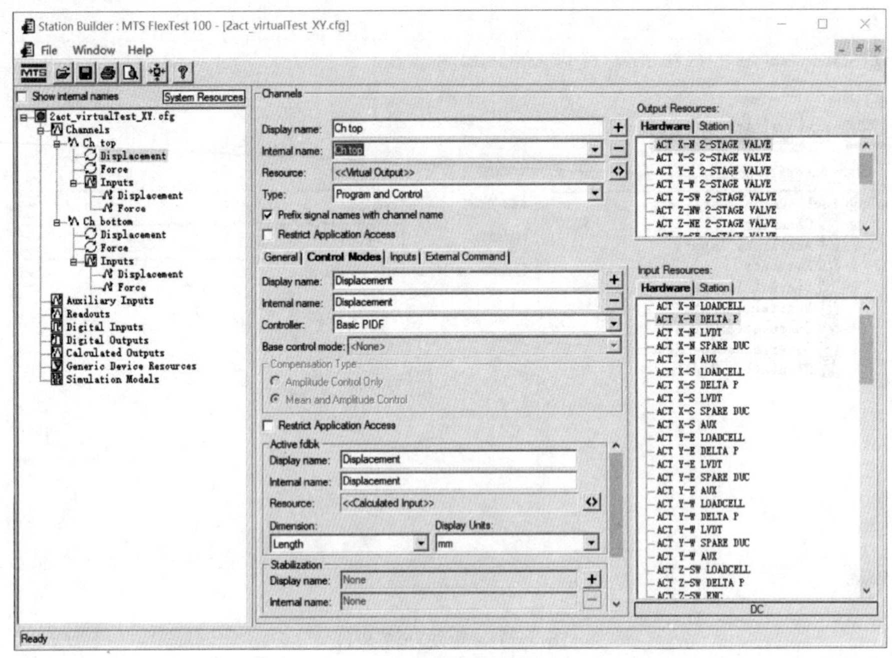

（a）位移控制

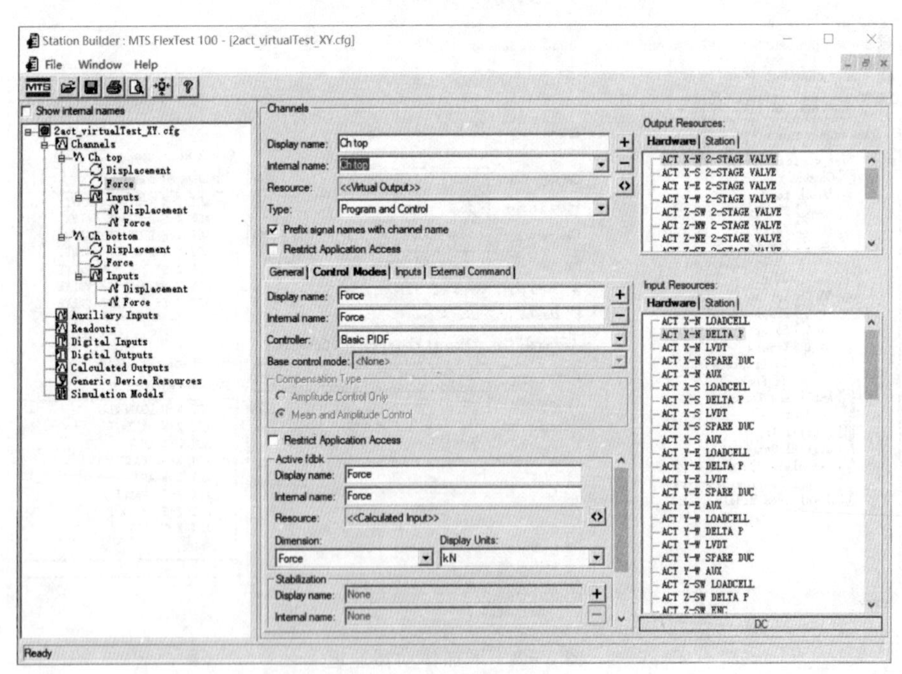

（b）力控制

图 3－9　增加控制方式

⑤ 在“Input”中增加“Displacement”和“Force”，即位移输入与力输入，单位分别定义为 mm、kN，如图 3 - 10 所示。

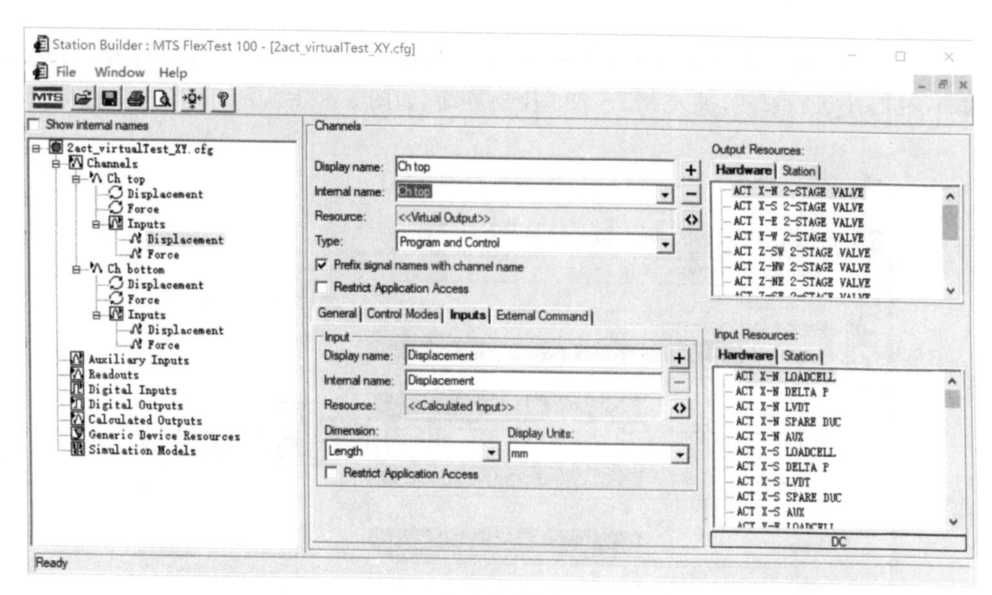

（a）位移输入

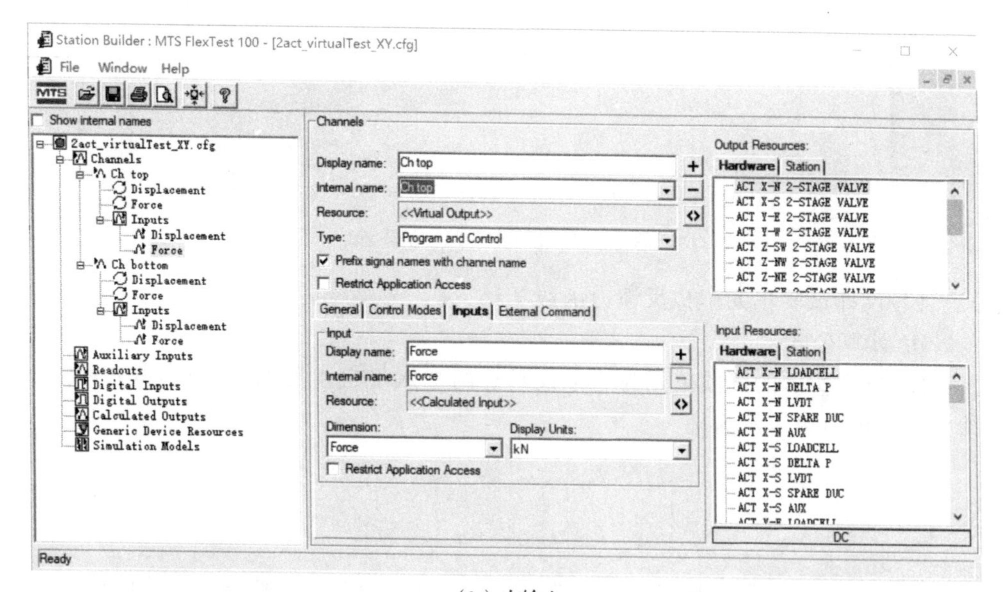

（b）力输入

图 3 - 10　增加输入信号

⑥ 命名并保存站点文件 2act_virtualTest_XY. cfg（可自行取名）。

(2)打开虚拟站点

① 点击“MTS 793 software”→“tools”→“Demo system loader”,加载虚拟站点文件。

② 点击“MTS 793 software”→“Station Manager”→“project 1”,打开“2act_virtualTest_XY. cfg”,进入 MTS 793 控制界面,如图 3-11 所示。

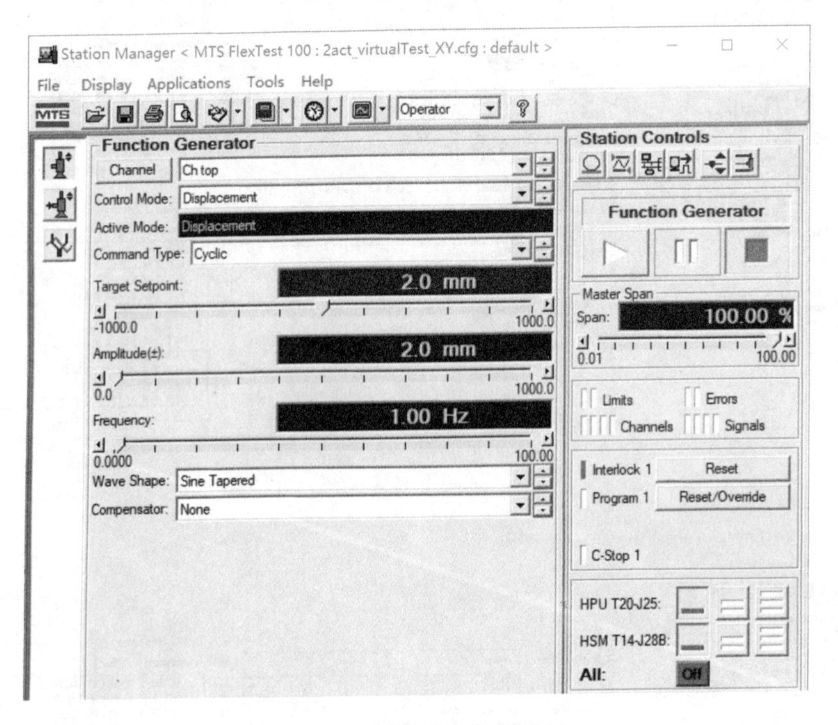

图 3-11　MTS 793 控制界面

(3)设计试验单元虚拟反馈力函数

① 计算公式

图 3-6 所示的试验单元为一个仅具有两个水平自由度的框架柱,其位移-反馈力关系可简单表示为

$$\begin{bmatrix} k_{11} & k_{12} \\ k_{21} & k_{22} \end{bmatrix}_i \begin{Bmatrix} u_i^{11x} \cdot \alpha_1 \\ u_i^{12x} \cdot \alpha_2 \end{Bmatrix} = \begin{Bmatrix} f_i^{11x} \\ f_i^{12x} \end{Bmatrix} \tag{3-1}$$

k_{11}、k_{12}、k_{21}、k_{22} 表示刚度矩阵参数,α_1、α_2 表示作动器 1 和作动器 2 的位移追踪误差,可取 0.98~1.02,u_i^{11x}、u_i^{12x} 表示节点 11、12 第 i 步水平位移,f_i^{11x}、f_i^{12x} 表示其对应的水平反力。公式(3-1)采用了最为简单的线弹性反馈力模型(即刚度矩阵为常数),读者也可以自行设计更为复杂的位移-反馈力模型。

② 增加虚拟反馈力参数

将工具栏下拉，选择“Configuration”模式，点击菜单栏“Tools”→“Calculation Editor”，在左侧“Calculation Parameters”中增加虚拟反馈力参数，如图 3－12 所示。根据式(3－1)设计了刚度参数 k_{11}、k_{12}、k_{21}、k_{22} 和位移加载误差参数 $\alpha_{bottom}=\alpha_1$，$\alpha_{top}=\alpha_2$。本模型设计 $k_{11}=75$，$k_{12}=k_{21}=-30$，$k_{22}=25$，$\alpha_{bottom}=\alpha_{top}=1$。

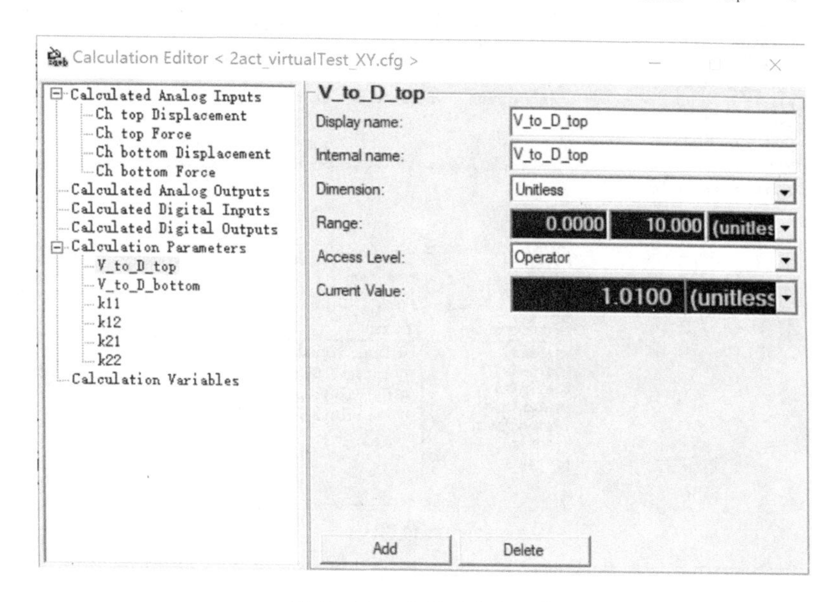

图 3－12　虚拟反馈力参数

③ 编辑虚拟反馈力公式

在左侧“Calculated Analog Inputs”中，编辑虚拟反馈力公式。输出信号用 output0 表示，变量要带双引号，需使用的函数和信号可从图 3－13(a)中选择。图 3－13 显示了位移和反馈力虚拟函数表达，具体如下

顶部(节点 12)位移：“output0”＝“V_to_D_top”×“Ch top Displacement Command”；

顶部(节点 12)反力：“output0”＝“k22” × “Ch top Displacement”＋“k21”×“Ch bottom Displacement”；

底部(节点 11)位移：“output0” ＝ “V_to_D_bottom” × “Ch bottom Displacement Command”；

底部(节点 11)反力：“output0” ＝ “k11” × “Ch bottom Displacement” ＋“k12”×“Ch top Displacement”。

编辑完虚拟反馈力函数后，点击“apply”保存函数，显示“success”，表示公式编辑成功。

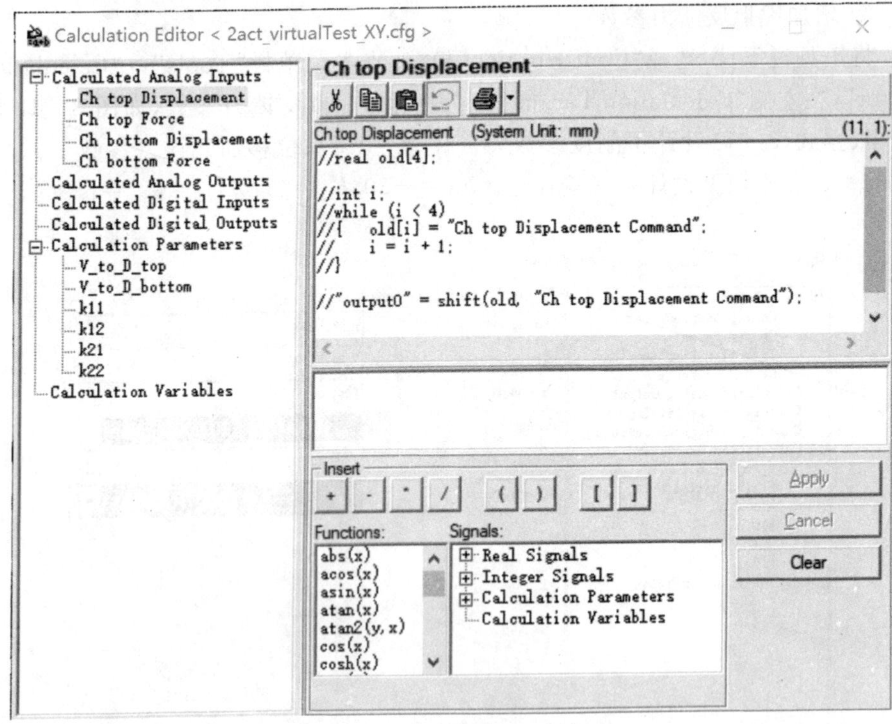

（a）位移

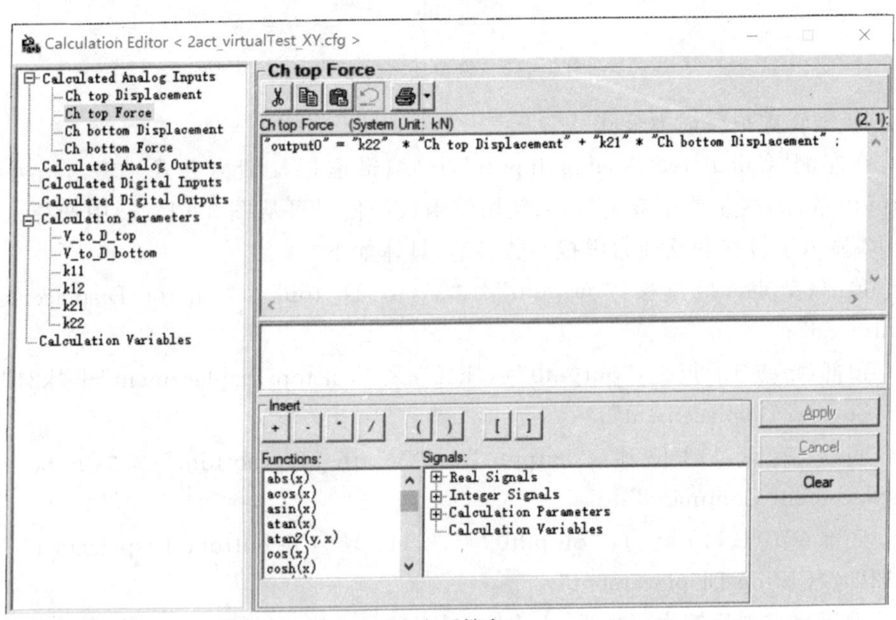

（b）反馈力

图 3－13　编辑虚拟反馈力公式

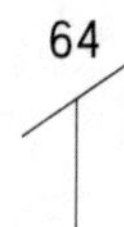

④ 进入操作模式

将工具栏从“Configuration”模式调整为“Operator”模式。点击“Reset”解除内锁(Interlock 1)，加载 HPU、HSM 到高压。Operator 模式如图 3－14 所示。

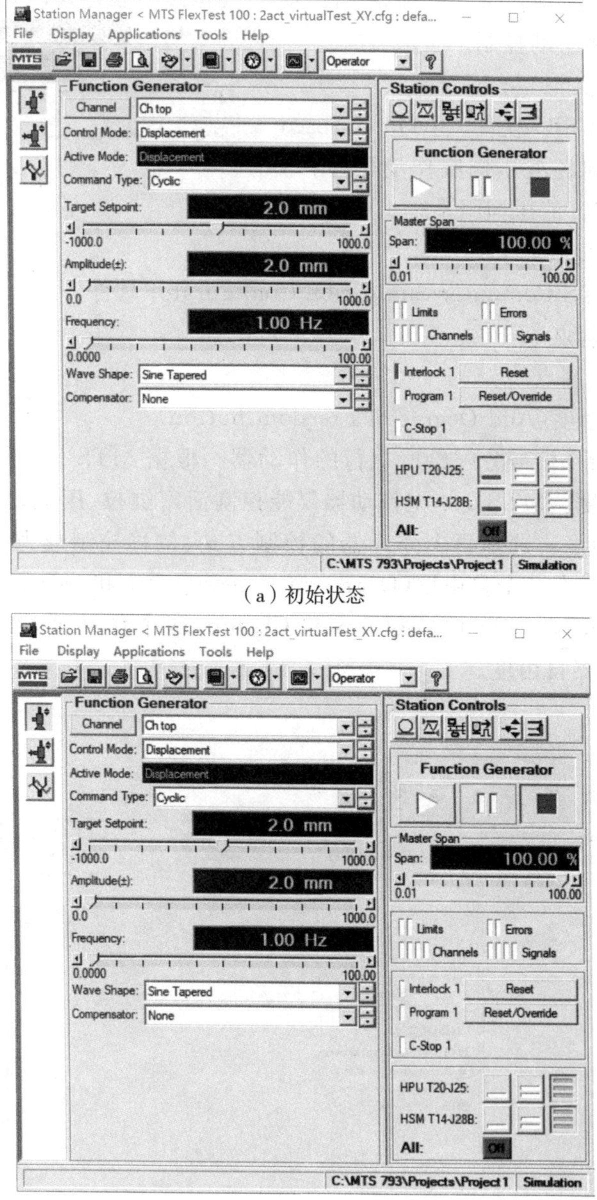

(a) 初始状态

(b) 解锁加压

图 3－14　Operator 模式

(4)作动器校零

点击右侧工具栏“Station Control”中的“Manual Command”,将所有作动器的初始位移、反馈力均清零,如图 3-15 所示。清零后关闭手动控制。

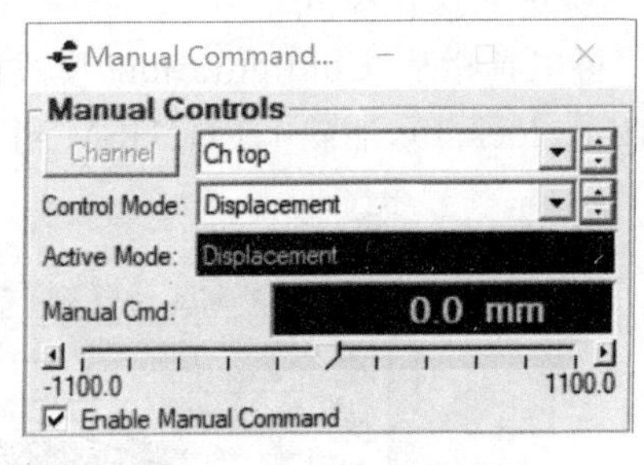

图 3-15　作动器校零

3. CSIC 设置

此步使用 CSIC 软件,将 OpenFresco 交互指令分配到各液压伺服作动器,用外部命令控制 MTS 液压伺服系统工作。

CSIC 设置步骤如下:

① 打开 MTS Computer Simulation Configurator 软件

② 增加控制点

增加一个控制点。

③ 增加自由度(Add Degree of Freedom button)

该步骤将指令信号分配给所执行的作动器。根据 MTS 793 所设计的作动器站点,增加自由度。MTS 244 型作动器仅能控制活塞缸拉、压运动,因此每个作动器仅有 1 个自由度。选择每个作动器的控制方式、位移控制或力控制。图 3-16(a)显示控制点含有 2 个自由度(Degree of Freedom ＃1 和 Degree of Freedom ＃2),分别控制作动器通道 Ch bottom 和 Ch top,两个作动器均采用位移控制。图 3-17为作动器自由度。

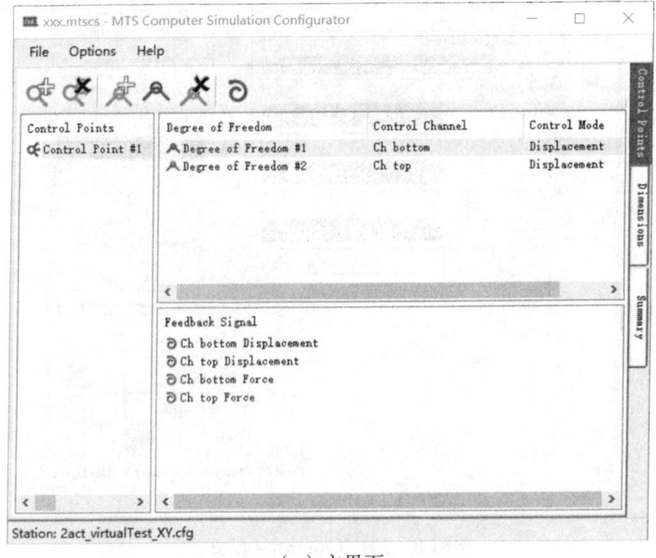

(a) 主界面

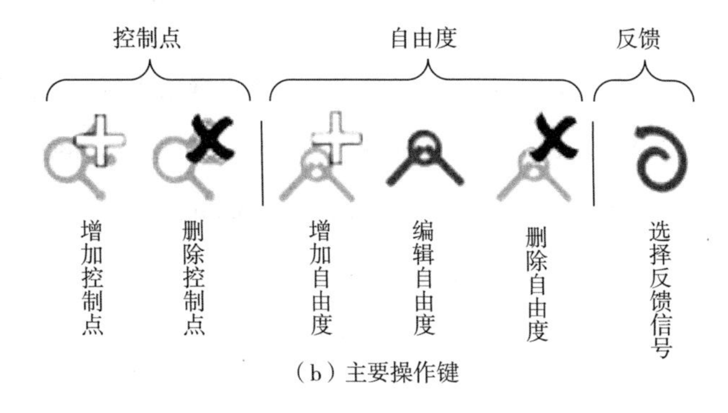

（b）主要操作键

图 3-16　CSIC 软件界面图

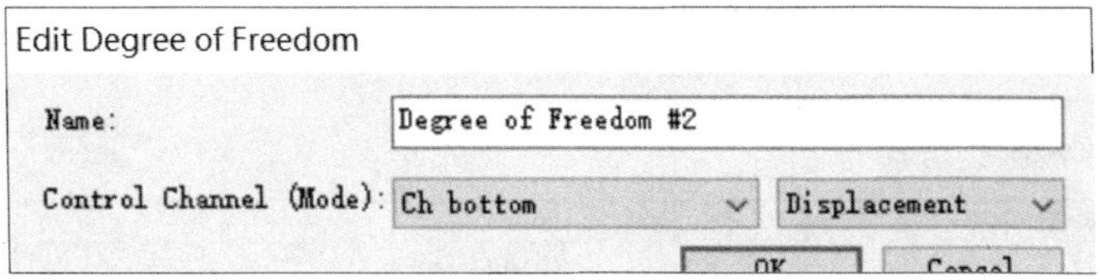

Edit Degree of Freedom

Name: Degree of Freedom #2

Control Channel (Mode): Ch bottom　Displacement

图 3-17　作动器自由度

④ 选择反馈信号

打开反馈信号，勾选所需要的反馈信号。选择 4 个反馈信号，分别为顶部作动器位移信号(Ch top Displacement)、顶部作动器反力信号(Ch top Force)、底部作动器位移信号(Ch bottom Displacement)和底部作动器反力信号(Ch bottom Force)，如图 3-18 所示。

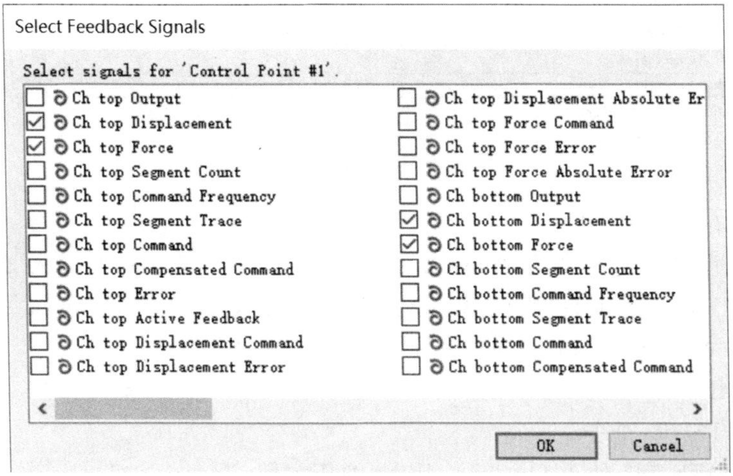

Select Feedback Signals

Select signals for 'Control Point #1'.

- [ ] Ch top Output
- [x] Ch top Displacement
- [x] Ch top Force
- [ ] Ch top Segment Count
- [ ] Ch top Command Frequency
- [ ] Ch top Segment Trace
- [ ] Ch top Command
- [ ] Ch top Compensated Command
- [ ] Ch top Error
- [ ] Ch top Active Feedback
- [ ] Ch top Displacement Command
- [ ] Ch top Displacement Error
- [ ] Ch top Displacement Absolute Er
- [ ] Ch top Force Command
- [ ] Ch top Force Error
- [ ] Ch top Force Absolute Error
- [ ] Ch bottom Output
- [x] Ch bottom Displacement
- [x] Ch bottom Force
- [ ] Ch bottom Segment Count
- [ ] Ch bottom Command Frequency
- [ ] Ch bottom Segment Trace
- [ ] Ch bottom Command
- [ ] Ch bottom Compensated Command

OK　Cancel

图 3-18　反馈信号

⑤ 调整反馈顺序

调整反馈顺序与本章 L52 和 L54 行控制点反馈设置依次对应。映射关系如下：

Node 11,dir 1,Disp→Ch bottom Displacement

Node 12,dir 1,Disp→Ch top Displacement

Node 11,dir 1,Force→Ch bottom force

Node 12,dir 1,Force→Ch top force

⑥ 调整单位

点击侧面单位按键"Dimension"，选择 OpenSEES 中模型单位。由本章 L1 命令可知，模型单位为 mm、N、s，如图 3-19 所示。

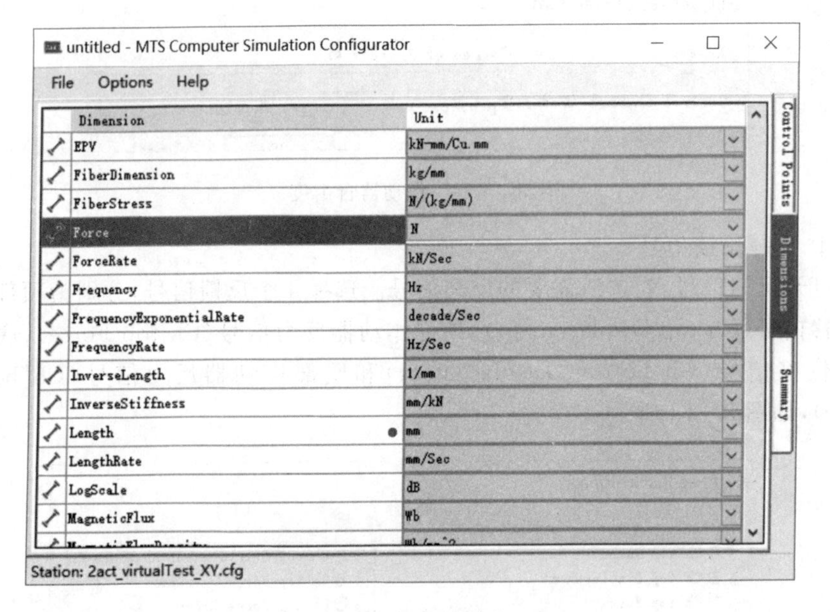

图 3-19　模型单位

⑦ 保存并关闭文件

CSIC 设置完成后，保存成 mtscs 文件并关闭。在本章 L67 行写入 mtscs 文件地址，MTS 793 将由外部 CSIC 控制实现自动运行。该 mtscs 文件可使用 Notepad++打开通览，如图 3-20 所示。

4. 运行

(1)MTS 793 准备

确认 MTS 793 处于 Operator 状态，油压加载，Function Generator 停止。此时，作动器外部 CSI 控制处于待命状态，如图 3-21 所示。

C:\Users\HUANG\Desktop\教材\2story\2_virtual hybrid\xxx.mtscs - Notepad++

File Edit Search View Encoding Language Settings Tools Macro Run Plugins Window ?

xxx.mtscs


```xml
<?xml version='1.0' encoding='utf-8' ?>
<Configuration name='' commandMethod='0' logLevel='4' version='3.0'>
  <ControlPointSet>
    <ControlPoint name='Control Point #1'>
      <DegreeOfFreedomSet>
        <DegreeOfFreedom name='Degree of Freedom #1' mts793ControlChannel='Ch bottom' mts793ControlMode='Displacement' />
        <DegreeOfFreedom name='Degree of Freedom #2' mts793ControlChannel='Ch top' mts793ControlMode='Displacement' />
      </DegreeOfFreedomSet>
      <FeedbackSignalSet>
        <FeedbackSignal name='Ch bottom Displacement' mts793Signal='Ch bottom Displacement' />
        <FeedbackSignal name='Ch top Displacement' mts793Signal='Ch top Displacement' />
        <FeedbackSignal name='Ch bottom Force' mts793Signal='Ch bottom Force' />
        <FeedbackSignal name='Ch top Force' mts793Signal='Ch top Force' />
      </FeedbackSignalSet>
    </ControlPoint>
  </ControlPointSet>
  <DimensionUnitSet>
    <DimensionUnit dimension='Acceleration' unit='mm/Sec^2' />
    <DimensionUnit dimension='Acceleration_Linear' unit='mm/Sec^2' />
    <DimensionUnit dimension='Acceleration_LinearRate' unit='mm/Sec^3' />
    <DimensionUnit dimension='Acceleration_Rotary' unit='deg/Sec^2' />
    <DimensionUnit dimension='Acceleration_RotaryRate' unit='deg/Sec^3' />
    <DimensionUnit dimension='AccelerationRate' unit='mm/Sec^3' />
    <DimensionUnit dimension='Angle' unit='deg' />
    <DimensionUnit dimension='AngleRate' unit='deg/Sec' />
    <DimensionUnit dimension='Area' unit='mm^2' />
    <DimensionUnit dimension='AreaRate' unit='mm^2/Sec' />
    <DimensionUnit dimension='Capacitance' unit='F' />
    <DimensionUnit dimension='Compliance' unit='mm^2/kN' />
    <DimensionUnit dimension='CrackGrowthRate' unit='mm/cycle' />
```


eXtensible Markup Language file　length : 5,547　lines : 94　Ln : 1　Col : 1　Pos : 1　Windows (CR LF)　UTF-8　INS

图 3 - 20　通览 mtscs 文件

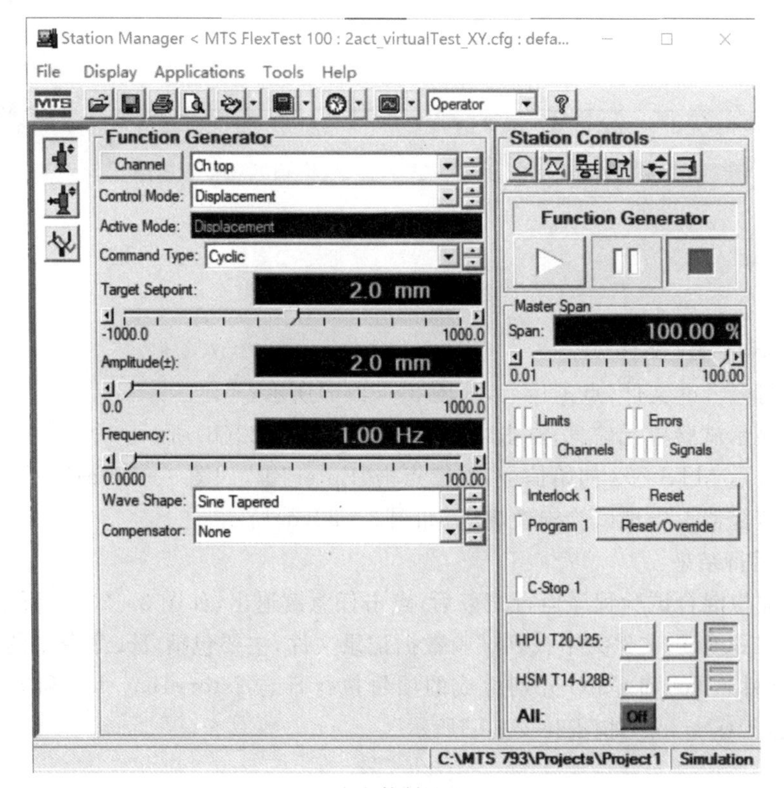

（a）控制界面

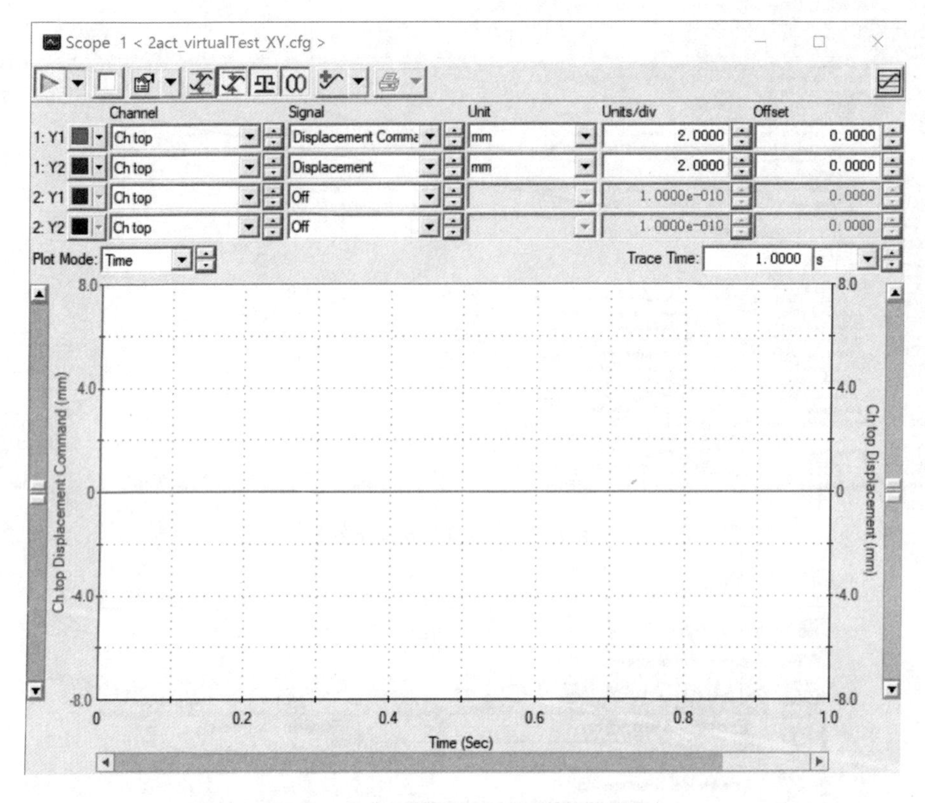

（b）监控器

图 3 - 21　MTS 793 准备

（2）运行 Tcl 文件

① 打开 Tcl 文件，点击运行，如图 3 - 22（a）所示。

② 显示试验单元信息，点击“Enter”键，如图 3 - 22（b）所示。

③ 显示 MTS 793 初始信号，继续点击“Enter”键，如图 3 - 22（c）所示。

④ 监控器上出现试验构件响应，如图 3 - 22（d）所示。

（3）运行结果

① 虚拟混合试验程序运行结束后，点击任意键退出，如图 3 - 23（a）所示。

② 在 output 文件夹中找到试验数据记录文件，主要包括 Tcl 命令中的试验数据（txt 文件），Tcl 和 CSIC 分别生成的项目执行日志 2story4bay. log 和 mts 控制执行日志 mtscs. log，如图 3 - 23（b）所示。

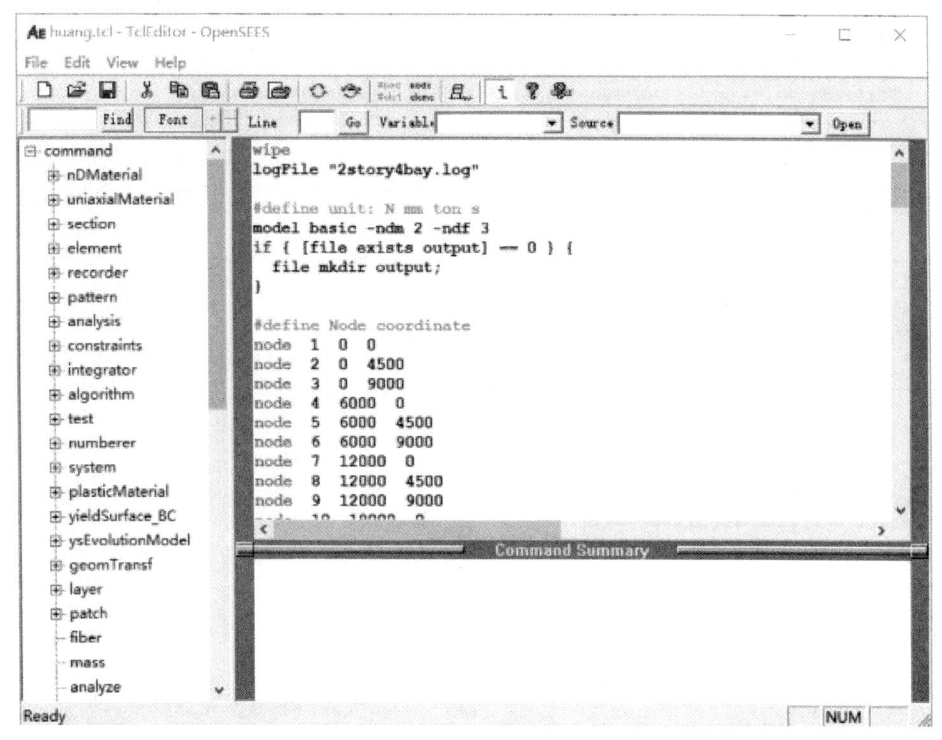

（a）执行Tcl文件

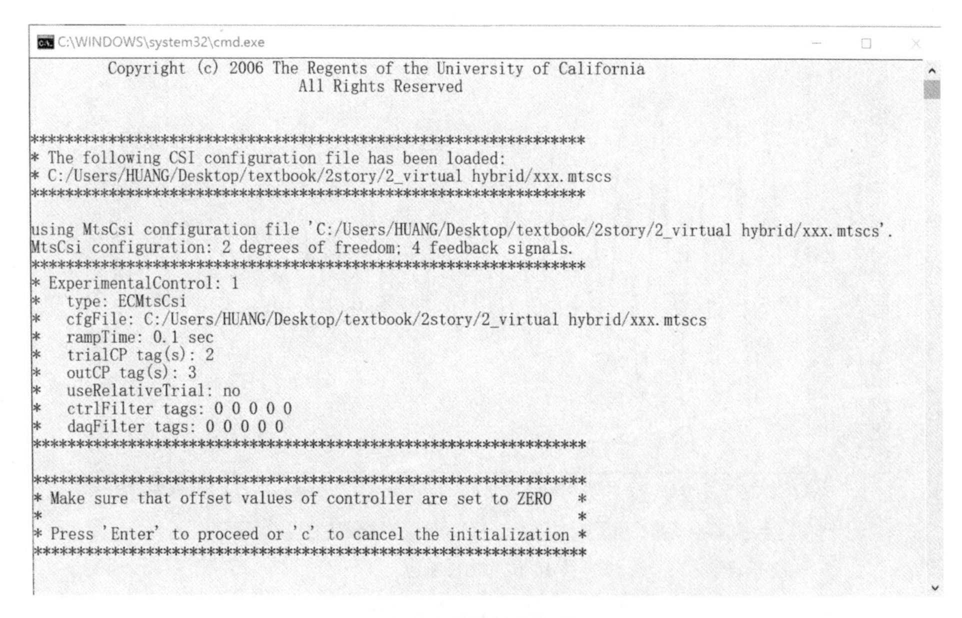

（b）试验单元信息

```
选择 C:\WINDOWS\system32\cmd.exe

*************************************************************
* Make sure that offset values of controller are set to ZERO   *
*                                                              *
* Press 'Enter' to proceed or 'c' to cancel the initialization *
*************************************************************


*************************************************************
* Initial signal values of DAQ are:
*
*    s0 = 0
*    s1 = 0
*    s2 = 0
*    s3 = 0
*
* Press 'Enter' to start the test or
* 'r' to repeat the measurement or
* 'c' to cancel the initialization
*************************************************************
```

（c）作动器初始信息

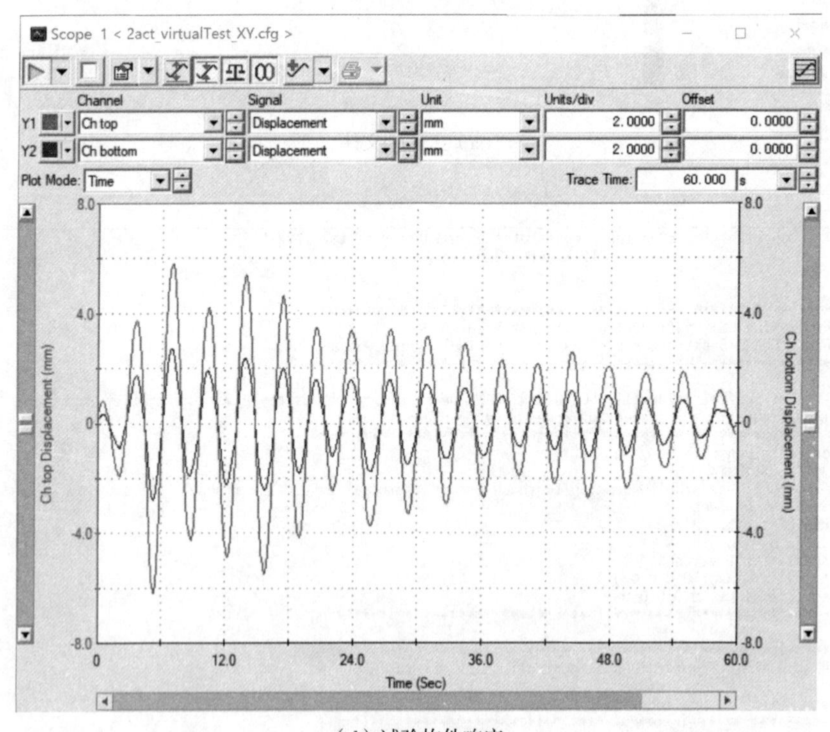

（d）试验构件响应

图 3－22　运行 Tcl 文件

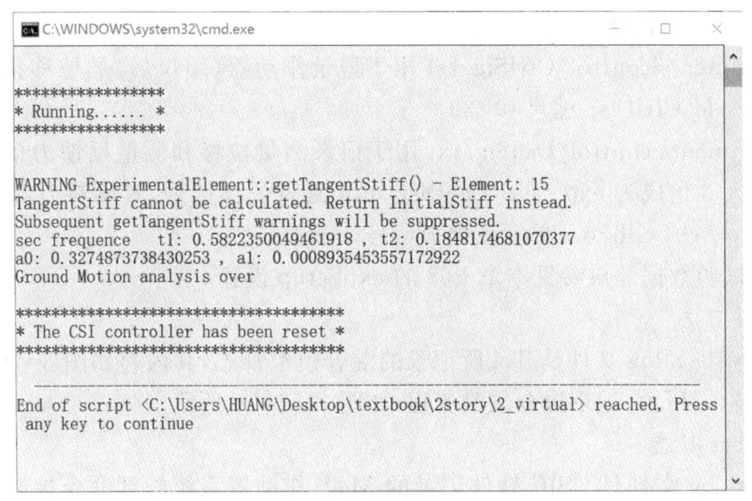

（a）试验结束

名称	修改日期	类型	大小
2story4bay.log	2022/7/27 23:49	文本文档	2 KB
drift1.txt	2022/8/30 0:56	文本文档	171 KB
drift2.txt	2022/8/30 0:56	文本文档	170 KB
element_force.txt	2022/8/30 0:56	文本文档	2,319 KB
exp-ele_CtrlDisp.txt	2022/8/30 0:56	文本文档	75 KB
exp-ele_DaqDisp.txt	2022/8/30 0:56	文本文档	75 KB
exp-ele_GlbForc.txt	2022/8/30 0:56	文本文档	92 KB
exp-ele_LocForc.txt	2022/8/30 0:56	文本文档	92 KB
experimentalcontrol_CtrlSig.txt	2022/8/30 0:56	文本文档	85 KB
experimentalcontrol_DaqSig.txt	2022/8/30 0:56	文本文档	134 KB
mtscs.log	2022/7/27 23:49	文本文档	903 KB
node_disp.txt	2022/8/30 0:56	文本文档	847 KB
node_reaction.txt	2022/8/30 0:56	文本文档	170 KB

（b）试验数据记录

图 3－23　试验结果

3.4　试验结果分析

1. 试验单元位移

exp－ele_CtrlDisp. txt 和 exp－ele_DaqDisp. txt 文件用于记录试验单元在节点 11、12 的水平方向的位移指令、测量信号。由于 $\alpha_{\text{bottom}}=\alpha_{\text{top}}=1$，因此位移指令和测量信号完全相同。

2. 试验单元反馈

exp－ele_GlbForc. txt 和 exp－ele_LocForc. txt 文件用于记录试验单元在节点 11、12 的水平方向全局反馈力和局部反馈力信号。在此坐标系下，二者完全相同。

3. 加载控制信号

experimentalcontrol_CtrlSig. txt 用于记录作动器(缩尺后)的位移指令信号，它较 exp - ele_CtrlDisp 缩尺 0.333。

experimentalcontrol_DaqSig. txt 用于记录测量位移和测量反馈力信号，其位移部分放大 3 倍成为 exp - ele_DaqDisp 单元测量位移信号，其反馈力部分放大 2 倍成为 exp - ele_GlbForc 单元反馈力信号。

上述试验数据缩放参见本章 L68 的 expSetup 设置。

4. Tcl 日志

2story4bay. log 文件是 Tcl 所记录的混合模拟日志，其内容如图 3 - 22(b)(c)和图 3 - 23(a)所示，记录混合试验流程，如图 3 - 24(a)所示。

5. mtscs 日志

mtscs. log 文件是 CSIC 软件记录的 MTS 作动器系统外部命令控制日志，主要记录每一步 MTS 所接收到位移指令信号及作动器分配信息等，如图 3 - 24(b)所示。

6. 有限元分析时程数据

其余 txt 文件均为有限元分析时程日志，可采用 MATLAB 等数学软件读取试验数据。

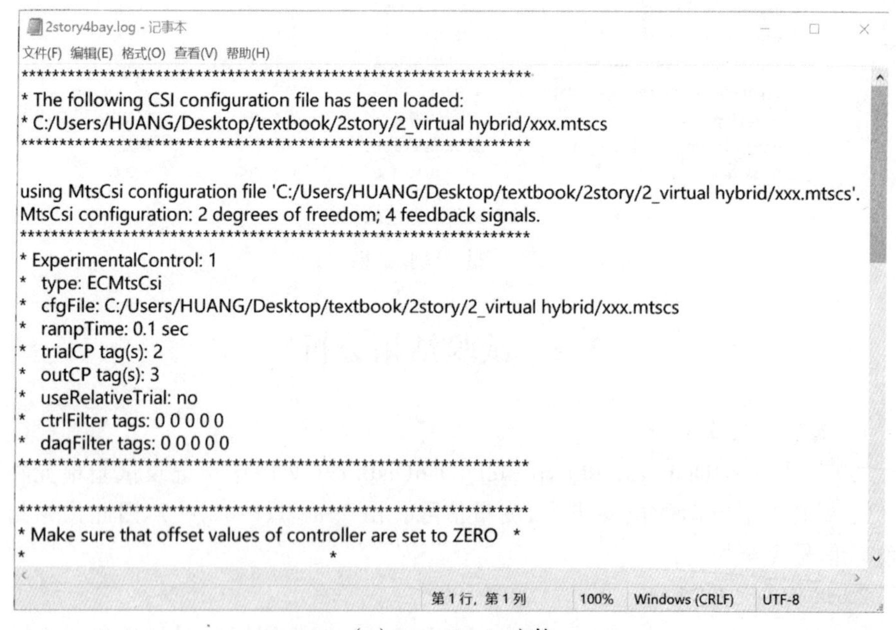

(a) 2story4bay.log文件

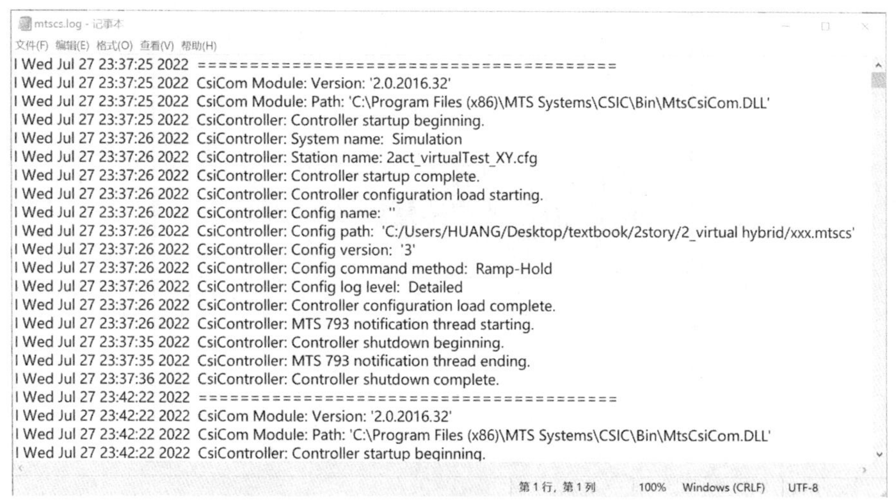

mtscs.log - 记事本

文件(F) 编辑(E) 格式(O) 查看(V) 帮助(H)

```
I Wed Jul 27 23:37:25 2022  ========================================
I Wed Jul 27 23:37:25 2022  CsiCom Module: Version: '2.0.2016.32'
I Wed Jul 27 23:37:25 2022  CsiCom Module: Path: 'C:\Program Files (x86)\MTS Systems\CSIC\Bin\MtsCsiCom.DLL'
I Wed Jul 27 23:37:25 2022  CsiController: Controller startup beginning.
I Wed Jul 27 23:37:26 2022  CsiController: System name:  Simulation
I Wed Jul 27 23:37:26 2022  CsiController: Station name: 2act_virtualTest_XY.cfg
I Wed Jul 27 23:37:26 2022  CsiController: Controller startup complete.
I Wed Jul 27 23:37:26 2022  CsiController: Controller configuration load starting.
I Wed Jul 27 23:37:26 2022  CsiController: Config name:  ''
I Wed Jul 27 23:37:26 2022  CsiController: Config path:  'C:/Users/HUANG/Desktop/textbook/2story/2_virtual hybrid/xxx.mtscs'
I Wed Jul 27 23:37:26 2022  CsiController: Config version:  '3'
I Wed Jul 27 23:37:26 2022  CsiController: Config command method:  Ramp-Hold
I Wed Jul 27 23:37:26 2022  CsiController: Config log level:  Detailed
I Wed Jul 27 23:37:26 2022  CsiController: Controller configuration load complete.
I Wed Jul 27 23:37:26 2022  CsiController: MTS 793 notification thread starting.
I Wed Jul 27 23:37:35 2022  CsiController: Controller shutdown beginning.
I Wed Jul 27 23:37:35 2022  CsiController: MTS 793 notification thread ending.
I Wed Jul 27 23:37:36 2022  CsiController: Controller shutdown complete.
I Wed Jul 27 23:42:22 2022  ========================================
I Wed Jul 27 23:42:22 2022  CsiCom Module: Version: '2.0.2016.32'
I Wed Jul 27 23:42:22 2022  CsiCom Module: Path: 'C:\Program Files (x86)\MTS Systems\CSIC\Bin\MtsCsiCom.DLL'
I Wed Jul 27 23:42:22 2022  CsiController: Controller startup beginning.
```

第 1 行，第 1 列　100%　Windows (CRLF)　UTF-8

（b）mtscs.log文件

图 3－24　日志文件

试验单元位移、反力时程如图 3－25 所示，由图可知，位移峰值出现在顶部作动器，约为 6 mm；反馈力峰值出现在顶部作动器，约为 80 kN。位移、反馈力均小于 MTS 244.22 设备量程，但反馈力已达到设备量程的 80%，建议更换更大的作动器，并重新调整试验方案。

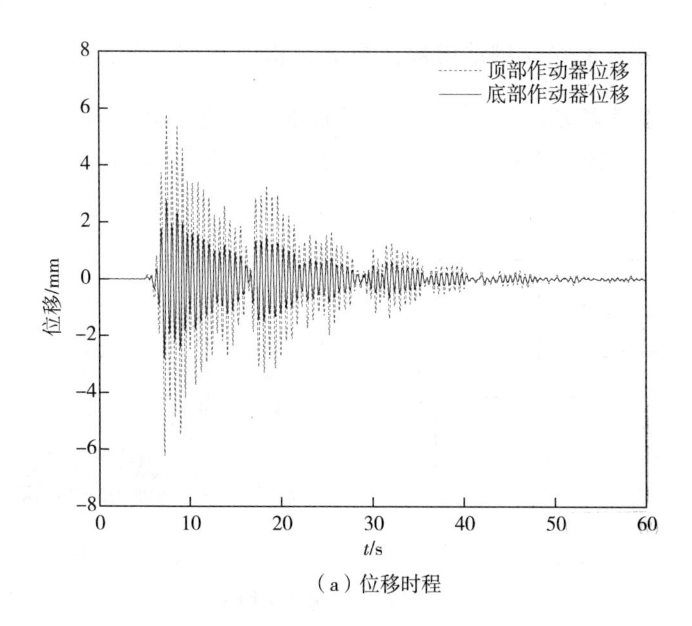

（a）位移时程

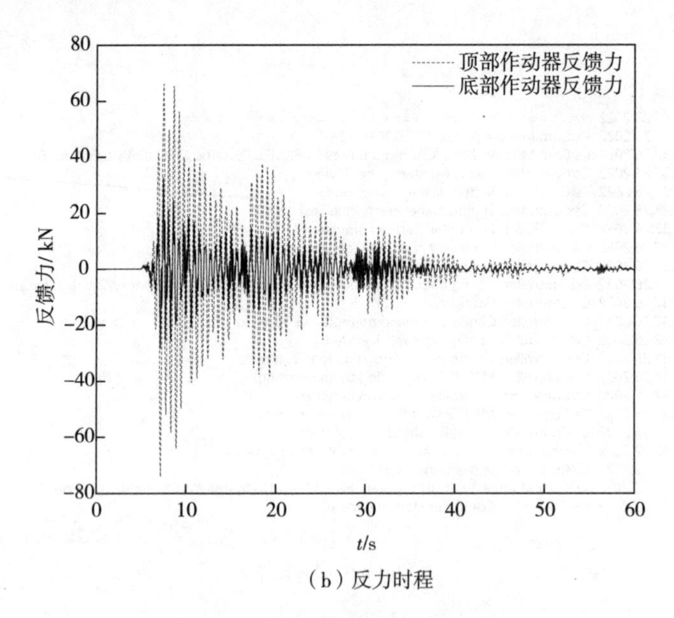

（b）反力时程

图 3-25　试验单元位移、反力时程

3.5 案　例

案例 3-1　钢筋混凝土隔震结构的支座拟动力试验

整体结构参考案例 2-1，将其中支座 B 下滑移支座划分为试验子结构，其余上部钢筋混凝土结构和支座 A、C、D 划分为数值子结构，如图 3-26 所示，设计拟动力混合试验。

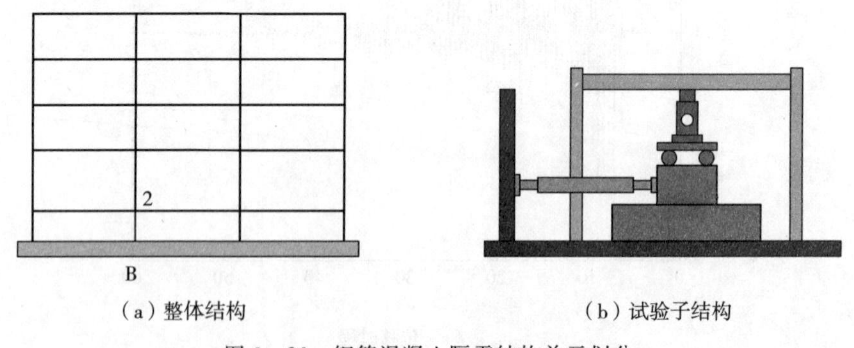

（a）整体结构　　（b）试验子结构

图 3-26　钢筋混凝土隔震结构单元划分

参考代码

```
初始设置同案例 2-1 中代码 X1—X3
节点定义同案例 2-1 中代码 X4—X27
约束定义同案例 2-1 中代码 X28—X35
质量定义同案例 2-1 中代码 X109—X128
混凝土、钢材材料定义同案例 2-1 中代码 X36—X39
梁截面定义同案例 2-1 中代码 X40—X49
柱截面定义同案例 2-1 中代码 X50—X61
几何定义同同案例 2-1 中代码 X62
柱单元定义同案例 2-1 中代码 X63—X78
梁单元定义同案例 2-1 中代码 X79—X93

#支座定义#
X1  frictionModel    Coulomb  1  0.085    #库仑摩擦系数定义#
X2  uniaxialMaterial  Elastic  8  926.5e3
X3  uniaxialMaterial  Elastic  9  0
X4  uniaxialMaterial  Elastic  10  1629e3
X5  element elastomericBearingPlasticity3221  1  4647  41900  0.154  0  1 -P 10 -Mz 9    #铅芯橡胶隔震支座定义#
X6  element elastomericBearingPlasticity3322  2  0  1  0  0  1  -P 8 -Mz 9
X7  element flatSliderBearing 34 23 3 1 38.05 e3 -P 8 -Mz 9 -orient 0 1 0 -1 0 0
X8  element elastomericBearingPlasticity3524 4 4647 41900 0.154 0 1 -P 10 -Mz 9

#分析结果输出定义#
X9  recorder Node -file output/disp.txt -time -nodeRange 1 20 -dof 1 2 3 disp  #输出节点位移#
X10  recorder Element -file output/ele.txt -time -eleRange 1 35 globalForce  #输出单元力#
X11  recorder Drift -file output/drift1.txt -time -iNode 1 2 3 4 -jNode 5 6 7 8 -dof 1 -perpDirn 2    #输出层间位移#
X12  recorder Drift -file output/drift2.txt -time -iNode 5 6 7 8 -jNode 9 10 11 12 -dof 1 -perpDirn 2
X13  recorder Drift -file output/drift3.txt -time -iNode 9 10 11 12 -jNode 13 14 15 16 -dof 1 -perpDirn 2
```

```
X14  recorder Drift - file output/drift4.txt - time - iNode 13 14 15 16  - jNode 17 18 19 20  - perpDirn 2
X15  recorder Node - file output/reaction.txt - time  - node 21 22 23 24 - dof 1 2 3 reaction    #输出支座反力#
X16  recorder Element - file output/expele_GlbForc.txt - time - ele 36 force
X17  recorder Element - file output/expele_CtrlDisp.txt - time - ele 36 ctrlDisp
X18  recorder Element - file output/expele_DaqDisp.txt - time - ele 36 daqDisp
X19  expRecorder Control - file output/experimentalcontrol_CtrlSig.txt - time - control 1  ctrlSig
X20  expRecorder Control - file output/experimentalcontrol_DaqSig.txt - time - control 1  daqSig

#试验单元设置定义#
X21  loadPackage  OpenFresco
X22  expControlPoint  2  1  disp    #试验单元控制点编号2,第1个交互数据类型为位移#
X23  expControlPoint  3  1  disp  1  force    #试验单元控制点编号3,第1个交互数据类型为位移,第2个交互数据类型为反馈力。#
X24  expControl  MTSCsi  1  "D:/hybridtest/xxx.mtscs"  0.1  - trialCP  2  - outCP  3    #试验单元控制编号1,CSIC生成mtscs地址为D:/hybridtest/xxx.mtscs,每一步数值计算和液压加载时间0.1 s,位移输出采用2号控制点定义方案,反馈输入采用3号控制点定义方案#
X25  expSetup  NoTransformation  1  - control  1  - dir 1  - sizeTrialOut 1 1  - trialDispFact 1  - outDispFact 1  - outForceFact 1    #采用NoTransformation试验单元设置方法,编号1,试验单元控制方法1,方向为水平方向(- dir 1),输入、输出数据(- sizeTrialOut)均为一个数据(x)和(f),从数值到试验子结构位移指令均缩尺1,从试验到数值子结构,位移指令均放大1倍,反馈力均放大1倍#
X26  expSite  LocalSite  1  1    #建立本地站点,站点编号1,采用1号试验单元设置方式#
X27  expElement  generic  36  - node 2  - dof 1  - site  1  - initStif  +38.05e3    #建立generic试验单元,单元编号36,节点2,自由度x方向,站点1,初始刚度38.05 kN/mm#

自振频率计算和阻尼同案例2-1代码X129—X138
地震定义同案例2-1代码X139—X143
```

分析定义同案例 2-1 代码 X144—X152

#MTS 793 中定义位移追踪效果及位移-反馈力关系

位移追踪：$u^{m} = u^{c}(t-\tau)$，$\tau = 2$ ms

位移反馈力关系：$f^{mea} = 40(\tanh 10^{3}(u^{cmd} - u^{mea}))$

#CSIC 所保存的 .mtscs 文件代码

```
<? xml version='1.0' encoding='utf-8' ? >
<Configuration name='' commandMethod='1' logLevel='4' version='3.0'>
  <ControlPointSet>
    <ControlPoint name='Control Point #1'>
      <DegreeOfFreedomSet>
        <DegreeOfFreedom name='Degree of Freedom #1' mts793ControlChannel='Ch
bottom' mts793ControlMode='Displacement' />
      </DegreeOfFreedomSet>
      <FeedbackSignalSet>
        <FeedbackSignal name='Ch bottom Displacement' mts793Signal='Ch bottom
Displacement' />
        <FeedbackSignal name='Ch bottom Force' mts793Signal='Ch bottom Force' />
      </FeedbackSignalSet>
    </ControlPoint>
  </ControlPointSet>
  <DimensionUnitSet>
    <DimensionUnit dimension='Force' unit='N' />
    <DimensionUnit dimension='Length' unit='mm' />
    <DimensionUnit dimension='…' unit='…' />      #其余单位可忽略不计#
  </DimensionUnitSet>
</Configuration>
```

案例 3-2　中空夹层钢管混凝土框架的拟动力试验

整体结构参考案例 2-2，将其中一、二层中间榀框架划分为试验子结构，其余部分划分为数值子结构，如图 3-27 所示，设计拟动力混合试验。

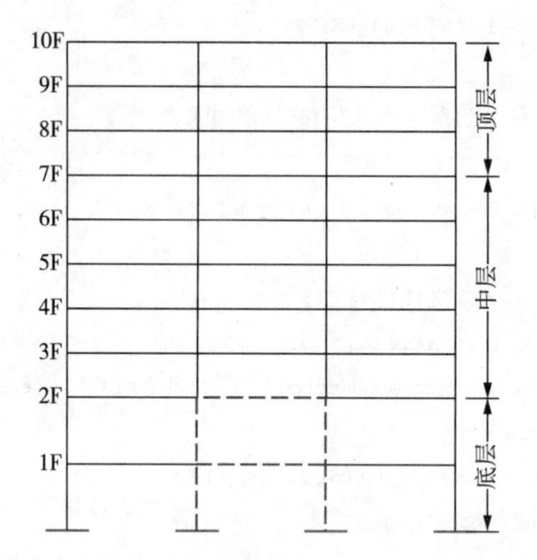

图 3-27　中空夹层钢管混凝土框架单元划分

参考代码

```
X1   wipe
X2   model basic -ndm 2 -ndf 3
X3   #N mm ton#

 #节点定义#
X4   node 1 0 0
X5   node 2 0 4500
X6   node 3 0 9000
X7   node 4 0 12600
X8   node 5 0 16200
X9   node 6 0 19800
X10   node 7 0 23400
X11   node 8 0 27000
X12   node 9 0 30600
X13   node 10 0 34200
X14   node 11 0 37800
X15   node 12 9000 0
X16   node 13 9000 4500
X17   node 15 9000 9000
```

```
X18    node 16 9000 12600
X19    node 17 9000 16200
X20    node 18 9000 19800
X21    node 19 9000 23400
X22    node 20 9000 27000
X23    node 21 9000 30600
X24    node 22 9000 34200
X25    node 23 9000 37800
X26    node 24 18000 0
X27    node 25 18000 4500
X28    node 27 18000 9000
X29    node 28 18000 12600
X30    node 29 18000 16200
X31    node 30 18000 19800
X32    node 31 18000 23400
X33    node 32 18000 27000
X34    node 33 18000 30600
X35    node 34 18000 34200
X36    node 35 18000 37800
X37    node 36 27000 0
X38    node 37 27000 4500
X39    node 38 27000 9000
X40    node 39 27000 12600
X41    node 40 27000 16200
X42    node 41 27000 19800
X43    node 42 27000 23400
X44    node 43 27000 27000
X45    node 44 27000 30600
X46    node 45 27000 34200
X47    node 46 27000 37800
X48    node 47 0 4500
X49    node 48 9000 4500
X50    node 49 9000 4500
X51    node 50 13500 4500
X52    node 51 18000 4500
X53    node 52 18000 4500
X54    node 53 27000 4500
```

```
X55    node 54 0 9000
X56    node 55 9000 9000
X57    node 56 9000 9000
X58    node 57 13500 9000
X59    node 58 18000 9000
X60    node 59 18000 9000
X61    node 60 27000 9000
X62    node 61 0 12600
X63    node 62 9000 12600
X64    node 63 9000 12600
X65    node 64 18000 12600
X66    node 65 18000 12600
X67    node 66 27000 12600
X68    node 67 0 16200
X69    node 68 9000 16200
X70    node 69 9000 16200
X71    node 70 18000 16200
X72    node 71 18000 16200
X73    node 72 27000 16200
X74    node 73 0 19800
X75    node 74 9000 19800
X76    node 75 9000 19800
X77    node 76 18000 19800
X78    node 77 18000 19800
X79    node 78 27000 19800
X80    node 79 0 23400
X81    node 80 9000 23400
X82    node 81 9000 23400
X83    node 82 18000 23400
X84    node 83 18000 23400
X85    node 84 27000 23400
X86    node 85 0 27000
X87    node 86 9000 27000
X88    node 87 9000 27000
X89    node 88 18000 27000
X90    node 89 18000 27000
X91    node 90 27000 27000
```

```
X92   node 91 0 30600
X93   node 92 9000 30600
X94   node 93 9000 30600
X95   node 94 18000 30600
X96   node 95 18000 30600
X97   node 96 27000 30600
X98   node 97 0 34200
X99   node 98 9000 34200
X100   node 99 9000 34200
X101   node 100 18000 34200
X102   node 101 18000 34200
X103   node 102 27000 34200
X104   node 103 0 37800
X105   node 104 9000 37800
X106   node 105 9000 37800
X107   node 106 18000 37800
X108   node 107 18000 37800
X109   node 108 27000 37800
```

质量定义同案例 2-2 中代码 X108—X147
主从节点定义同案例 2-2 中代码 X148—X207

#节点约束定义#

```
X110   fix 1 1 1 1
X111   fix 12 1 1 1
X112   fix 24 1 1 1
X113   fix 36 1 1 1
```

#材料定义#

梁、柱材料定义同案例 2-2 中代码 X212—X216

```
X114   uniaxialMaterial Elastic 13 1
```

#截面定义#

1—2 层柱截面定义同案例 2-2 中代码 X217—X230
3—7 层柱截面定义同案例 2-2 中代码 X231—X244
8—10 层柱截面定义同案例 2-2 中代码 X245—X258
梁单元定义同案例 2-2 中代码 X259—X266

```
#OpenFresco 交互定义#
X115 loadPackage OpenFresco
X116 expControlPoint 2 1 disp 2 disp
X117 expControlPoint 3 1 disp 2 disp 1 force 2 force
X118 expControl MTSCsi 1 "D:/hybridtest /xxx.mtscs" 1 -trialCP 2 -outCP 3
X119 expSetup NoTransformation 1 -control 1 -dir 1 2  -sizeTrialOut 2 2 -tri-
alDispFact 0.3333 0.3333  -outDispFact 3 3  -outForceFact 9 9
X120 expSite LocalSite 1 1

#几何变换定义#
X121 geomTransf Corotational 1
X122 geomTransf Linear 2

#柱单元定义#
X123 element dispBeamColumn 1 1 2 5 1 1
X124 element dispBeamColumn 2 2 3 5 1 1
X125 element dispBeamColumn 3 3 4 5 2 1
X126 element dispBeamColumn 4 4 5 5 2 1
X127 element dispBeamColumn 5 5 6 5 2 1
X128 element dispBeamColumn 6 6 7 5 2 1
X129 element dispBeamColumn 7 7 8 5 2 1
X130 element dispBeamColumn 8 8 9 5 3 1
X131 element dispBeamColumn 9 9 10 5 3 1
X132 element dispBeamColumn 10 10 11 5 3 1
X133 element dispBeamColumn 11 15 16 5 2 1
X134 element dispBeamColumn 12 16 17 5 2 1
X135 element dispBeamColumn 13 17 18 5 2 1
X136 element dispBeamColumn 14 18 19 5 2 1
X137 element dispBeamColumn 15 19 20 5 2 1
X138 element dispBeamColumn 16 20 21 5 3 1
X139 element dispBeamColumn 17 21 22 5 3 1
X140 element dispBeamColumn 18 22 23 5 3 1
X141 element dispBeamColumn 19 27 28 5 2 1
X142 element dispBeamColumn 20 28 29 5 2 1
X143 element dispBeamColumn 21 29 30 5 2 1
X144 element dispBeamColumn 22 30 31 5 2 1
X145 element dispBeamColumn 23 31 32 5 2 1
```

```
X146  element dispBeamColumn 24 32 33 5 3 1
X147  element dispBeamColumn 25 33 34 5 3 1
X148  element dispBeamColumn 26 34 35 5 3 1
X149  element dispBeamColumn 27 36 37 5 1 1
X150  element dispBeamColumn 28 37 38 5 1 1
X151  element dispBeamColumn 29 38 39 5 2 1
X152  element dispBeamColumn 30 39 40 5 2 1
X153  element dispBeamColumn 31 40 41 5 2 1
X154  element dispBeamColumn 32 41 42 5 2 1
X155  element dispBeamColumn 33 42 43 5 2 1
X156  element dispBeamColumn 34 43 44 5 3 1
X157  element dispBeamColumn 35 44 45 5 3 1
X158  element dispBeamColumn 36 45 46 5 3 1
X159  element trussSection 129 12 13 1
X160  element trussSection 130 13 15 1
X161  element trussSection 131 24 25 1
X162  element trussSection 132 25 27 1

#梁单元定义#
X163  element dispBeamColumn 37 47 48 5 4 2
X164  element dispBeamColumn 38 49 50 5 4 2
X165  element dispBeamColumn 39 50 51 5 4 2
X166  element dispBeamColumn 40 52 53 5 4 2
X167  element dispBeamColumn 41 54 55 5 4 2
X168  element dispBeamColumn 42 56 57 5 4 2
X169  element dispBeamColumn 43 57 58 5 4 2
X170  element dispBeamColumn 44 59 60 5 4 2
X171  element dispBeamColumn 45 61 62 5 4 2
X172  element dispBeamColumn 46 63 64 5 4 2
X173  element dispBeamColumn 47 65 66 5 4 2
X174  element dispBeamColumn 48 67 68 5 4 2
X175  element dispBeamColumn 49 69 70 5 4 2
X176  element dispBeamColumn 50 71 72 5 4 2
X177  element dispBeamColumn 51 73 74 5 4 2
X178  element dispBeamColumn 52 75 76 5 4 2
X179  element dispBeamColumn 53 77 78 5 4 2
X180  element dispBeamColumn 54 79 80 5 4 2
```

```
X181   element dispBeamColumn 55 81 82 5 4 2
X182   element dispBeamColumn 56 83 84 5 4 2
X183   element dispBeamColumn 57 85 86 5 4 2
X184   element dispBeamColumn 58 87 88 5 4 2
X185   element dispBeamColumn 59 89 90 5 4 2
X186   element dispBeamColumn 60 91 92 5 4 2
X187   element dispBeamColumn 61 93 94 5 4 2
X188   element dispBeamColumn 62 95 96 5 4 2
X189   element dispBeamColumn 63 97 98 5 4 2
X190   element dispBeamColumn 64 99 100 5 4 2
X191   element dispBeamColumn 65 101 102 5 4 2
X192   element dispBeamColumn 66 103 104 5 4 2
X193   element dispBeamColumn 67 105 106 5 4 2
X194   element dispBeamColumn 68 107 108 5 4 2

#梁柱节点单元定义#
X195   element zeroLength 69 2 47  -mat 7  -dir 3
X196   element zeroLength 70 3 54  -mat 7  -dir 3
X197   element zeroLength 71 4 61  -mat 7  -dir 3
X198   element zeroLength 72 5 67  -mat 7  -dir 3
X199   element zeroLength 73 6 73  -mat 7  -dir 3
X200   element zeroLength 74 7 79  -mat 7  -dir 3
X201   element zeroLength 75 8 85  -mat 7  -dir 3
X202   element zeroLength 76 9 91  -mat 7  -dir 3
X203   element zeroLength 77 10 97  -mat 7  -dir 3
X204   element zeroLength 78 11 103  -mat 7  -dir 3
X205   element zeroLength 79 13 48  -mat 7  -dir 3
X206   element zeroLength 80 13 49  -mat 13  -dir 3
X207   element zeroLength 81 15 55  -mat 7  -dir 3
X208   element zeroLength 82 15 56  -mat 13  -dir 3
X209   element zeroLength 83 16 62  -mat 7  -dir 3
X210   element zeroLength 84 16 63  -mat 7  -dir 3
X211   element zeroLength 85 17 68  -mat 7  -dir 3
X212   element zeroLength 86 17 69  -mat 7  -dir 3
X213   element zeroLength 87 18 74  -mat 7  -dir 3
X214   element zeroLength 88 18 75  -mat 7  -dir 3
X215   element zeroLength 89 19 80  -mat 7  -dir 3
```

```
X216  element zeroLength 90 19 81  - mat 7  - dir 3
X217  element zeroLength 91 20 86  - mat 7  - dir 3
X218  element zeroLength 92 20 87  - mat 7  - dir 3
X219  element zeroLength 93 21 92  - mat 7  - dir 3
X220  element zeroLength 94 21 93  - mat 7  - dir 3
X221  element zeroLength 95 22 98  - mat 7  - dir 3
X222  element zeroLength 96 22 99  - mat 7  - dir 3
X223  element zeroLength 97 23 104  - mat 7  - dir 3
X224  element zeroLength 98 23 105  - mat 7  - dir 3
X225  element zeroLength 99 25 51  - mat 13  - dir 3
X226  element zeroLength 100 25 52  - mat 7  - dir 3
X227  element zeroLength 101 27 58  - mat 13  - dir 3
X228  element zeroLength 102 27 59  - mat 7  - dir 3
X229  element zeroLength 103 28 64  - mat 7  - dir 3
X230  element zeroLength 104 28 65  - mat 7  - dir 3
X231  element zeroLength 105 29 70  - mat 7  - dir 3
X232  element zeroLength 106 29 71  - mat 7  - dir 3
X233  element zeroLength 107 30 76  - mat 7  - dir 3
X234  element zeroLength 108 30 77  - mat 7  - dir 3
X235  element zeroLength 109 31 82  - mat 7  - dir 3
X236  element zeroLength 110 31 83  - mat 7  - dir 3
X237  element zeroLength 111 32 88  - mat 7  - dir 3
X238  element zeroLength 112 32 89  - mat 7  - dir 3
X239  element zeroLength 113 33 94  - mat 7  - dir 3
X240  element zeroLength 114 33 95  - mat 7  - dir 3
X241  element zeroLength 115 34 100  - mat 7  - dir 3
X242  element zeroLength 116 34 101  - mat 7  - dir 3
X243  element zeroLength 117 35 106  - mat 7  - dir 3
X244  element zeroLength 118 35 107  - mat 7  - dir 3
X245  element zeroLength 119 37 53  - mat 7  - dir 3
X246  element zeroLength 120 38 60  - mat 7  - dir 3
X247  element zeroLength 121 39 66  - mat 7  - dir 3
X248  element zeroLength 122 40 72  - mat 7  - dir 3
X249  element zeroLength 123 41 78  - mat 7  - dir 3
X250  element zeroLength 124 42 84  - mat 7  - dir 3
X251  element zeroLength 125 43 90  - mat 7  - dir 3
X252  element zeroLength 126 44 96  - mat 7  - dir 37
```

```
    X253  element zeroLength 127 45 102 -mat 7 -dir 3
    X254  element zeroLength 128 46 108 -mat 7 -dir 3

    #试验单元定义#
    X255  expElement generic 133 -node 57 50 -dof 1 -dof 1 -site 1 -initStif +
          228.5e3 -88.8e+03 -88.8e+03 +25.7e+03

    #定义分析结果输出#
    X256  recorder Node -file Disp.out -time -nodeRange 1 108 -dof 1 disp
    X257  recorder Element -file eleforce.out -time -eleRange 1 68 localForce
    X258  recorder Element -file hybrid_ExpElement_expele_GlbForc.out -time -ele
133 force
    X259  recorder Element -file hybrid_ExpElement_expele_LocForc.out -time -ele
133 localForce
    X260  recorder Element -file hybrid_ExpElement_expele_CtrlDisp.out -time -ele
133 ctrlDisp
    X261  recorder Element -file hybrid_ExpElement_expele_DaqDisp.out -time -ele
133 daqDisp
    X262  expRecorder Control -file hybrid_ExpControl_experimentalcontrol_
          CtrlSig.out -time -control 1 ctrlSig
    X263  expRecorder Control -file hybrid_ExpControl_experimentalcontrol_
          DaqSig.out -time -control 1 daqSig
```

模态分析及阻尼定义同案例 2-2 中代码 X403—X416

重力和水平地震力同案例 2-2 中代码 X417—X421

分析方法定义同案例 2-2 中代码 X422—X428

MTS 793 中定义位移-反馈力关系

假设位移追踪无误差，

$$\begin{Bmatrix} f_{bottom} \\ f_{top} \end{Bmatrix} = \begin{bmatrix} 100 & -75 \\ -75 & 25 \end{bmatrix} \begin{Bmatrix} u_{bottom} \\ u_{top} \end{Bmatrix}$$

```
#mtscs 文件代码#
<?xml version='1.0' encoding='utf-8'?>
<Configuration name='' commandMethod='0' logLevel='4' version='3.0'>
  <ControlPointSet>
    <ControlPoint name='Control Point #1'>
```

```
<DegreeOfFreedomSet>
    <DegreeOfFreedom name='Degree of Freedom #1' mts793ControlChannel='Ch bottom' mts793ControlMode='Displacement' />
    <DegreeOfFreedom name='Degree of Freedom #2' mts793ControlChannel='Ch top' mts793ControlMode='Displacement' />
</DegreeOfFreedomSet>
<FeedbackSignalSet>
    <FeedbackSignal name='Ch bottom Displacement' mts793Signal='Ch bottom Displacement' />
    <FeedbackSignal name='Ch top Displacement' mts793Signal='Ch top Displacement' />
    <FeedbackSignal name='Ch bottom Force' mts793Signal='Ch bottom Force' />
    <FeedbackSignal name='Ch top Force' mts793Signal='Ch top Force' />
</FeedbackSignalSet>
</ControlPoint>
</ControlPointSet>
<DimensionUnitSet>
  <DimensionUnit dimension='Force' unit='N' />
  <DimensionUnit dimension='Length' unit='mm' />
  <DimensionUnit dimension='…' unit='…' />      #其余单位可忽略不计#
</DimensionUnitSet>
</Configuration>
```

第4章　拟动力混合试验

在完成虚拟混合试验后，已明确数值模型、加载方案、预期响应、量程限位等试验细节。之后可安装试验构件，进行拟动力混合试验。

拟动力混合试验与虚拟混合试验的流程完全相同，唯一区别在于前者使用真实试验加载，而后者的加载过程是由 MTS 793 中预设函数模拟的，并未实际推动试验构件。

4.1　硬件设备

MTS 系统公司提供的拟动力混合模拟设备主要由主机、作动器及液压伺服系统组成。各设备主要作用如下。

1. 主机

主机是拟动力混合试验的核心部件，安装有 OpenSEES、OpenFresco、CISC 和 MTS 793 软件，用于执行拟动力混合试验的计算一加载闭环交互试验流程。软件使用方法及功能详见 3.2 节。主机如图 4-1(a)所示。

2. 作动器及液压伺服系统

液压伺服系统中，控制器上游连接计算机，下游连接作动器，提供数字信号与模拟信号的转化，与作动器一起执行伺服控制循环，如图 4-1(b)所示。作动器通过活塞杆伸缩推/拉试验构件到指定位置，并同步测量其反馈力，通过控制器传递给主机，如图 4-1(c)所示。分油器用于将油泵送来的压力分为多组，同时控制多台作动器，如图 4-1(d)所示。油源通过液压传动方式为作动器提供动力，如图 4-1(e)所示。冷却塔用于给对液压油冷却降温，如图 4-1(f)所示。

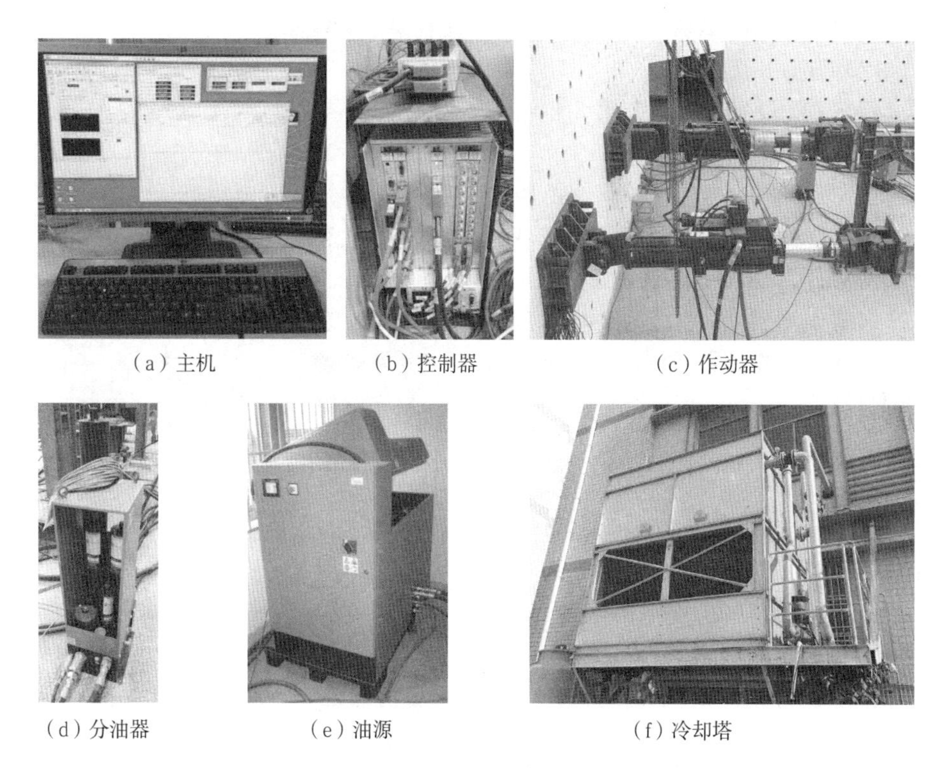

(a) 主机　(b) 控制器　(c) 作动器

(d) 分油器　(e) 油源　(f) 冷却塔

图 4-1　拟动力混合试验硬件设备

4.2　试验步骤

本章使用 3.1 节的双层钢结构框架模型进行拟动力混合试验。

1. 子结构建模和数据交互定义

拟动力混合试验中,子结构建模和数据交互定义与 3.3 节相同,参考代码 L1—L103。

需要注意的是,试验控制方法中,每一步数值计算和液压加载时间不宜过小。在 3.3 节中的虚拟混合试验中,选取每步计算和加载时间为 0.1 s,而动力计算积分步长为 0.02 s,表示试验时间较真实地震记录放大 5 倍(0.1/0.02=5),称为试验耗时比。在真实拟动力试验中,每一步试验时长需要大于作动器加载耗时与结构动力计算耗时之和,并根据作动器加载效率和结构复杂程度适度放宽。推荐试验耗时比为 100,试验耗时比越大,加载速率越慢,试验子结构的黏滞阻尼效应和惯性力效应也越小，试验加载较为平稳，方便观察试验现象。

2. MTS 793 设置

MTS 793 设置与 3.3 节第 2 步略有不同。

(1)打开站点

打开桌面 MTS 793 控制软件，点击“Station Manager”→“Project 1”，选取合适站点文件。例如，某试验室有 6 台 MTS 加载作动器，分别记为 1＃～6＃。使用 2＃和 3＃作动器，选择 Act2＋Act3 站点文件。

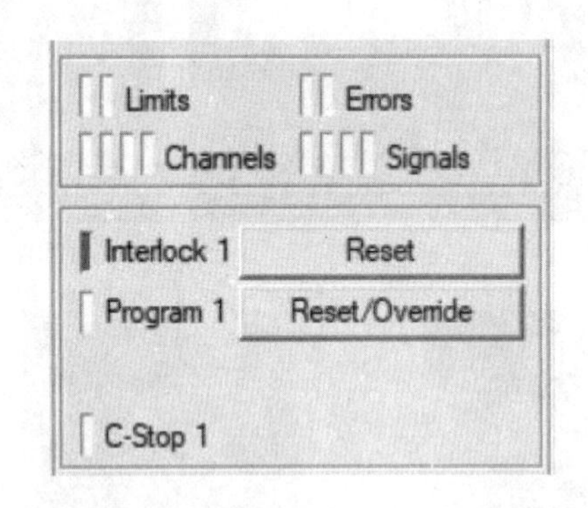

图 4-2　解除内锁

(2)解除内锁

点击“Interlock 1”→“Reset”，如图 4-2 所示，如果 Limits、Errors、Channels、Signals 前有红色警示，需要先消除警示后才能复位。

(3)加压

启动液压伺服系统中的 HPU、HSM，先启动低压，待稳定后启动高压，如图 4-3所示。

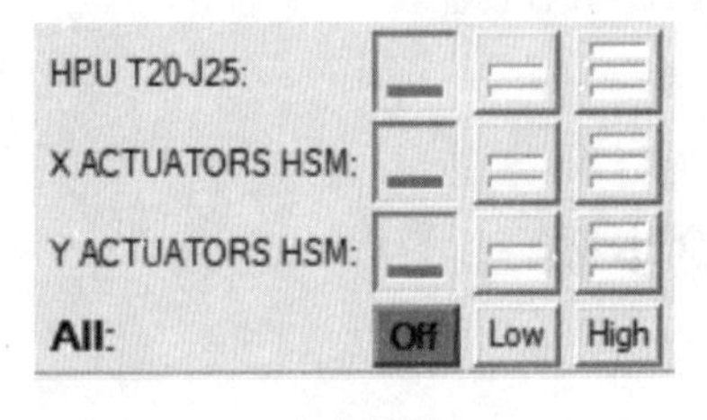

(a) 低压

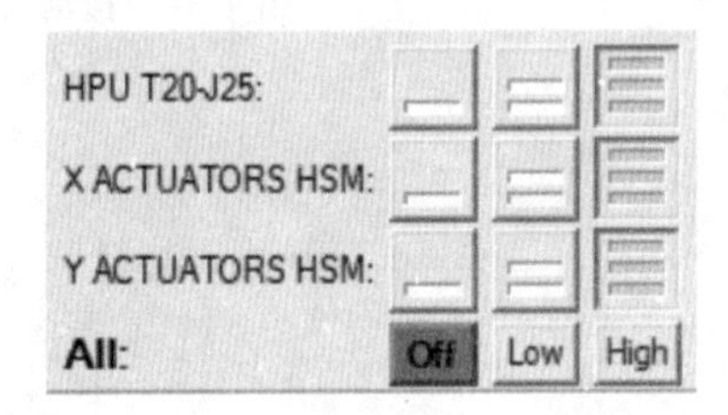

(b) 高压

图 4-3　启动液压伺服系统

(4)初始状态清零

在启动液压伺服系统后，系统可能有初始内力，点击“Auto Offset”→“Clear Offset”，此时出现作动器绝对位移和反力，如图 4-4(a)所示。

打开工具栏“Manual Controls”，手动调节作动器反力为零，使作动器和试验构件处于刚接触零受力状态，如图 4-4(b)所示。反力清零后关闭“Manual Controls”工具栏。

返回“Signal Auto Offset”界面，此时作动器反力近似为零，位移非零。点击“Auto Offset”，将位移和反力重新标定为零。此状态为反力的绝对零点，位移的相对零点，试验将基于此状态进行加载、卸载。

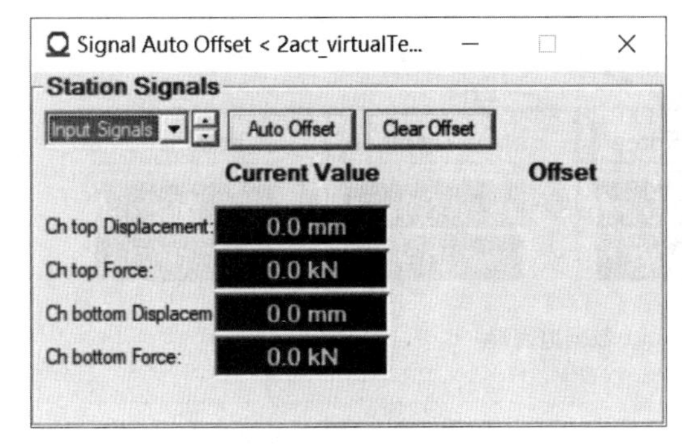

（a）Auto Offset界面

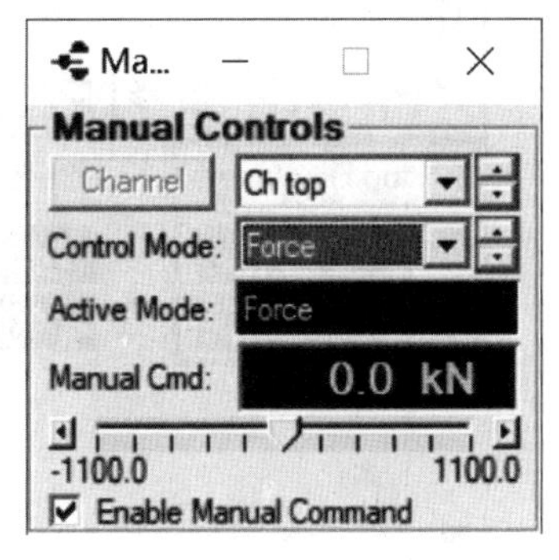

（b）Manual Controls界面

图 4 - 4　初始状态清零

(5)设置限位

打开工具栏“Detectors”，对试验进行限位。由于拟动力混合试验在试验过程中无法自动中断，为了保护试验加载设备不超量程工作，一般需要设置位移限位。限制大小可根据虚拟混合试验结果适当放大得到。由于采用位移控制，反力量程可不设置限位。

限位方式可选择 Disabled(无限制)、Indicate(警示)、Interlock(内锁)、Station Power Off(站点降压)，推荐使用 Interlock。限位设置如图 4 - 5 所示。

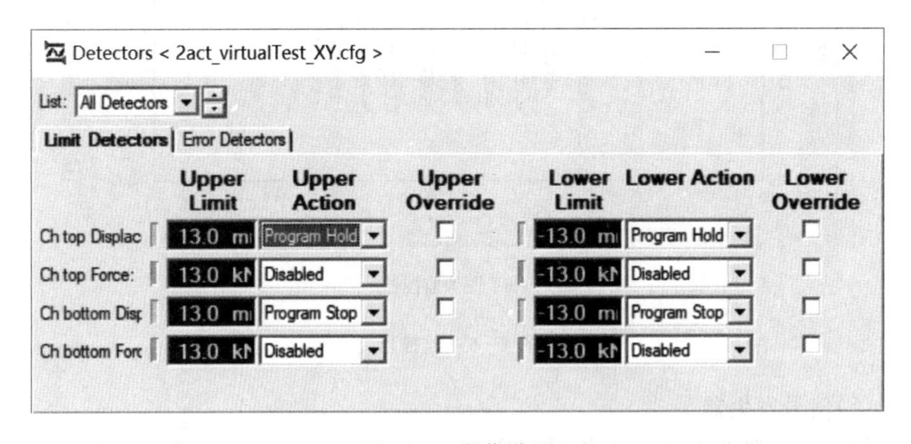

图 4 - 5　限位设置

(6)打开监控器

打开工具栏“Meters”和“Scope”，即数据监控器和图像监控器，监控试验运行状况，如图 4 - 6 所示。

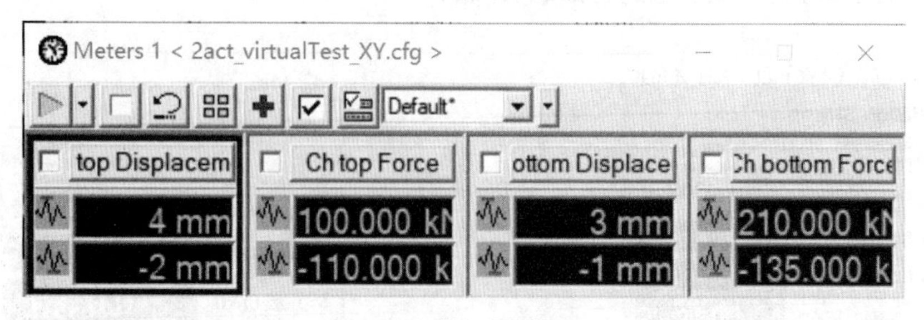

（a）数据监控器

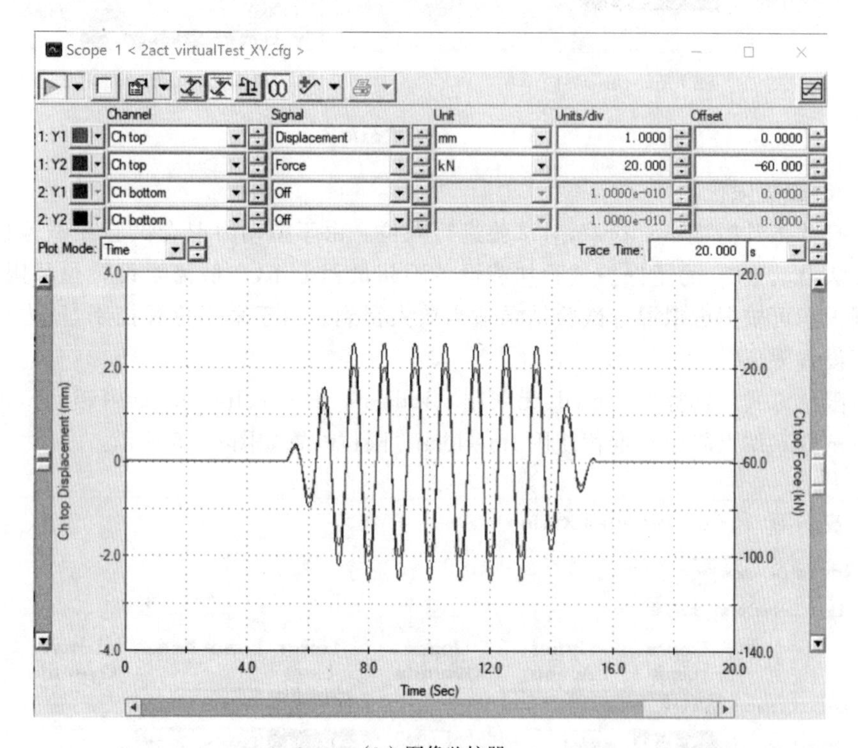

（b）图像监控器

图 4-6　监控器

(7)信号发生器

信号发生器处于待命模式，作动器将由外部CSIC信号控制伸缩，如图 4-7 所示。

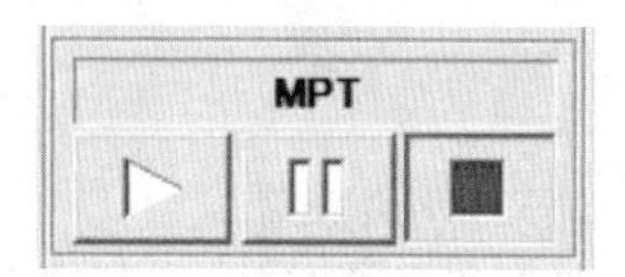

图 4-7　信号发生器

至此，MTS 793 设置全部完成。

3. CSIC 设置

拟动力混合试验的 CSIC 设置与 3.3 节相同，注意事项如下。

① 需要根据现有作动器站点分配外部控制信号，站点信号顺序需要与 OpenFresco 中试验单元设置保持一致。

② 在 CSIC 设置中，菜单栏"Opertion"中的"Command Generation"包含两种加载方式，即 Ramp - Hold(等待-加载)和 Predict - Correct(预测-修正)，如图 4 - 8 所示。Ramp - Hold 表示，在有限元完成下一步位移指令的计算工作前，作动器保持静止不动，直到有限元计算完成，作动器再匀速抵达指定位置。而 Predict - Correct 表示，在有限元完成下一步位移指令的计算工作前，作动器将按前几步的位移加载命令进行预测，待有限元计算完成，作动器再进行位移修正。上述两种加载方式原理如图 4 - 9 所示，在拟动力试验中，对试验加载同步性要求不高，推荐使用 Ramp Generation 加载方式。

4. 运行

(1)其他外部传感器接线

运行前，可在试验构建上补充接入外设传感器，如应变片、位移计、非接触式测试系统等，保证各传感器可正常使用。

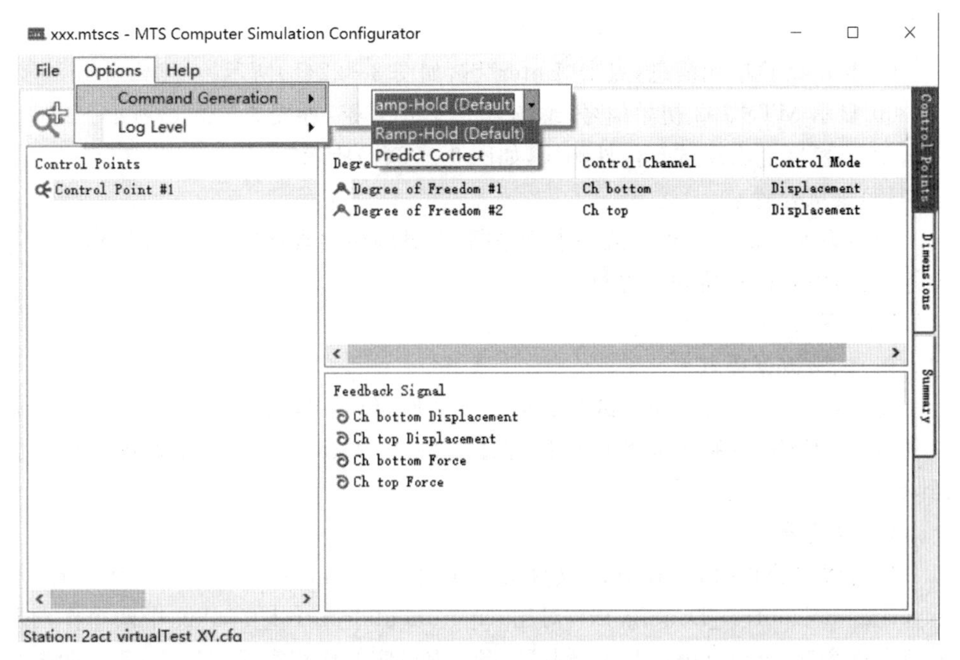

图 4 - 8　CSIC 设置

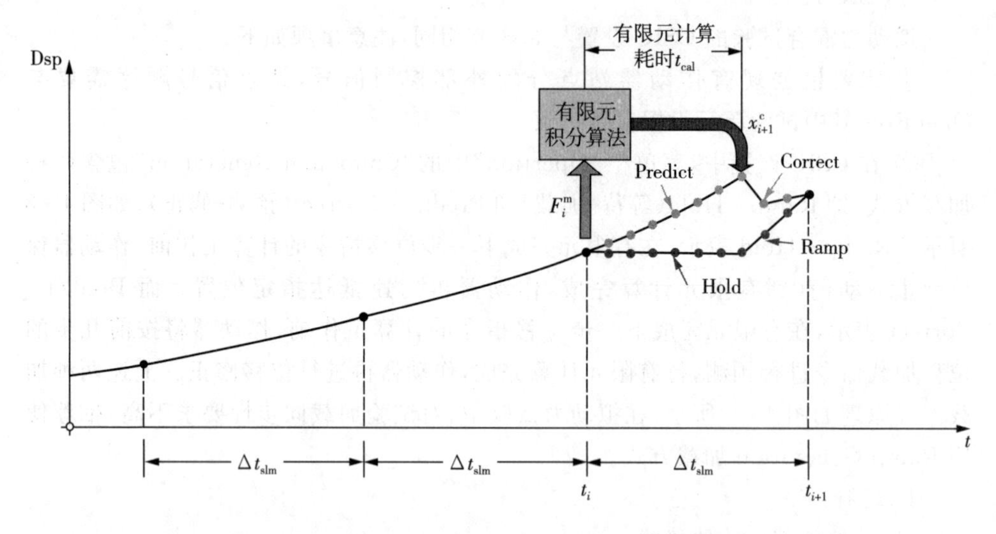

图 4-9　Ramp-Hold 和 Predict-Correct

(2)拟动力混合试验程序执行

与图 3-22 的虚拟混合试验运行过程相同。

① 打开 Tcl 文件,点击运行,如图 3-22(a)所示。

② 显示试验单元信息,点击“Enter”键,如图 3-22(b)所示。

③ 显示 MTS 793 初始信号,继续点击“Enter”键,如图 3-22(c)所示。

④ 监控器上出现试验构件响应,如图 3-22(d)所示。

(3)紧急处置

拟动力混合试验过程一般不人为中断,若试验中出现任何紧急情况,建议按下急停按钮,强制作动器卸压停机。

5. 结果分析

(1)试验数据提取

在 output 文件夹中找到试验数据记录文件,包括 Tcl 命令中的试验数据(txt 文件),Tcl、CSIC 分别生成的项目执行日志 2story4bay. log 和 mts 控制执行日志 mtscs. log。

(2)误差分析

进行误差分析时,从 output 文件夹中找到 experimentalcontrol_CtrlSig. txt 和 experimentalcontrol_DaqSig. txt,对比 experimentalcontrol_CtrlSig 中两个作动器的位移指令和 experimentalcontrol_DaqSig 中对应的位移实际测量值,若二者吻合度高,则表示作动器位移追踪效果较好,试验结果真实可信。

4.3 案　例

案例4-1　三维框架拟动力混合试验

一个两层三维框架结构模型如图4-10(a)所示，柱截面为钢筋混凝土截面，梁截面为弹性截面，楼板符合刚性楼板假设。模型受重力作用，同时受到水平方向两个地震激励作用。将其中一个底层柱4—8划分为试验子结构，如图4-10(b)所示，其余部分划分为数值子结构，设计三维框架拟动力混合试验。

主要几何参数：层高为3.6 m，跨度为6 m，楼板质量为30 t，绕z轴转动惯量为180 t·m^2。柱截面为0.5 m×0.5 m，梁截面为0.6 m×0.5 m。底部节点固结于地面。框架结构材料自拟。

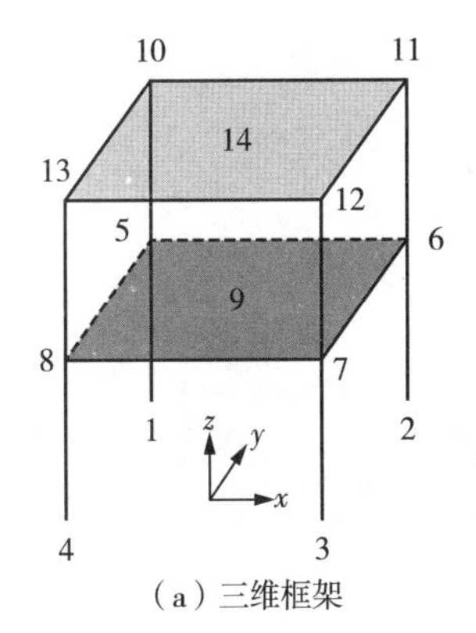

(a) 三维框架

(b) 试验单元

图4-10　三维框架拟动力混合试验

参考代码

```
#单位:m、t、sec、kN、kPa
X1  wipe
X2  logFile "3d.log"
X3  model BasicBuilder -ndm 3 -ndf 6

#定义节点(三维坐标 x,y,z)#
X4  node 1  -3  3  0
```

```
X5  node  2  3  3  0
X6  node  3  3  -3  0
X7  node  4  -3  -3  0
X8  node  5  -3  3  3.6
X9  node  6  3  3  3.6
X10  node  7  3  -3  3.6
X11  node  8  -3  -3  3.6
X12  node  10  -3  3  7.2
X13  node  11  3  3  7.2
X14  node  12  3  -3  7.2
X15  node  13  -3  -3  7.2
X16  node  9  0  0  3.6
X17  node  14  0  0  7.2

#定义支座约束#
X18  fix  1  1  1  1  1  1  1
X19  fix  2  1  1  1  1  1  1
X20  fix  3  1  1  1  1  1  1
X21  fix  4  1  1  1  1  1  1

#定义刚性楼板#
X22  rigidDiaphragm  3  9  5  6  7  8
X23  rigidDiaphragm  3  14  10  11  12  13

#刚性楼板主节点的约束条件#
X24  fix  9  0  0  1  1  1  0
X25  fix  14  0  0  1  1  1  0

#定义柱核心区混凝土#
X26  uniaxialMaterial Concrete01  1  -34473.8  -0.005  -24131.66  -0.02

#定义柱保护层混凝土#
X27  uniaxialMaterial Concrete01  2  -27579  -0.002  0.0  -0.006

#定义柱钢筋#
X28  uniaxialMaterial Steel01  3  248200  2.1e8  0.02
```

```
#柱截面设计采用子程序 RCsection.tcl#
X29  source RCsection.tcl

#柱截面参数(id h b coverThick coreID coverID steelID nBars area nfCoreY nfCoreZ nfCoverY nfCoverZ#
X30  Rcsection  1  0.5  0.5  0.04  1  2  3  3  5.1e-4  8  8  10  10

#定义线弹性扭转特性#
X31  uniaxialMaterial Elastic  10  6.9e13

#扭转特性并入混凝土柱截面#
X32  section Aggregator  2  10  T  -section  1

#柱截面几何变换,平行于 x-z 平面向量#
X33  geomTransf Linear  1  1  0  0

#定义柱单元#
X34  element dispBeamColumn   1   1   5   4   2   1
X35  element dispBeamColumn   2   2   6   4   2   1
X36  element dispBeamColumn   3   3   7   4   2   1
X37  element trussSection  4  4  8  2
X38  element dispBeamColumn   5   5   10   4   2   1
X39  element dispBeamColumn   6   6   11   4   2   1
X40  element dispBeamColumn   7   7   12   4   2   1
X41  element dispBeamColumn   8   8   13   4   2   1

#定义梁截面#
X42  section Elastic  3  2.5e7  0.3  9e-3  6.25e-3  6.9e13  1.0

#设置梁单元的几何变换,平行于 x-z 平面向量#
X43  geomTransf Linear  2      1 1 0

#定义梁单元#
X44  element dispBeamColumn  13   5   6   3   3   2
X45  element dispBeamColumn  14   6   7   3   3   2
X46  element dispBeamColumn  15   7   8   3   3   2
X47  element dispBeamColumn  16   8   5   3   3   2
```

```
X48   element dispBeamColumn   17   10   11   3   3   2
X49   element dispBeamColumn   18   11   12   3   3   2
X50   element dispBeamColumn   19   12   13   3   3   2
X51   element dispBeamColumn   20   13   10   3   3   2

#质量集中在楼板的主节点上#
X52   mass   9   30   30   30   0   0   180
X53   mass   14   30   30   30   0   0   180

#拟动力试验设置#
X54   loadPackage   OpenFresco
X55   expControlPoint   2   1   disp   2   disp
X56   expControlPoint   3   1   disp   2   disp   1   force   2   force
X57   expControl   MTSCsi   1   "D:/LX/4-1.mtscs"   0.2   -trialCP   2   -outCP   3
X58   expSetup   NoTransformation   1   -control   1   -dir 1   2   -sizeTrialOut 2 2
X59   expSite   LocalSite   1   1

#试验单元设计#
X60   expElement   generic   100   -node 8   -dof 1   2   -site   1   -initStif   10
0 0 10

#地震作用定义(恒定重力+x向水平地震+y向水平地震作用)#
X61   timeSeries Path   1   -dt   0.02   -filePath   tabasFN.txt   -factor 9.8
-startTime   10
X62   timeSeries Path   2   -dt   0.02   -filePath   tabasFP.txt   -factor 9.8
-startTime   10
X63   timeSeries   Constant3   -factor   9.8
X64   pattern UniformExcitation   1   1   -accel   1
X65   pattern UniformExcitation   2   2   -accel   2
X66   pattern UniformExcitation   3   3   -accel   3

#试验记录#
X67   recorder Node  -file node.txt  -time  -nodeRange   5   14   -dof 1 2 3 4 5
6 disp
X68   recorder Element  -file ele.txt  -time  -eleRange 1 20 globalForce
X69   recorder Node   -file reaction.txt   -time  -node 1 2 3 4   -dof 1 2 3 4 5 6
reaction
```

```
X70 recorder Element -file expele_GlbForc.txt -time -ele 100 force
X71 recorder Element -file expele_CtrlDisp.txt -time -ele 100 ctrlDisp
X72 recorder Element -file expele_DaqDisp.txt -time -ele 100 daqDisp
X73 expRecorder Control -file experimentalcontrol_CtrlSig.txt -time
-control 1 ctrlSig
X74 expRecorder Control -file experimentalcontrol_DaqSig.txt -time
-control 1 daqSig

#动力分析定义#
X75 wipeAnalysis
X76 test NormDispIncr 1.0e-8 10 2
X77 system BandGeneral
X78 constraints Transformation
X79 numberer RCM
X80 algorithm Newton
X81 integrator Newmark 0.5 0.25
X82 analysis Transient
X83 analyze 3000 0.02
X84 puts "hybrid test is over"

#主程序 X29 行钢筋混凝土柱截面设计采用 RCsection.tcl 子程序编写,并采用 source
函数调用此子程序#
# id -        程序生成的截面序列号#
# h -         截面全高#
# b -         截面全宽#
# cover -     保护层厚度#
# coreID -    混凝土核心区分块材料号#
# coverID -   混凝土保护层分块材料号#
# steelID -   钢筋材料号#
# numBars -   截面任何一边的钢筋根数#
# barArea -   钢筋正截面面积#
# nfCoreY -   核心区在 y 方向划分的纤维单元数#
# nfCoreZ -   核心区在 z 方向划分的纤维单元数#
# nfCoverY -  保护层在 y 方向划分的纤维单元数#
# nfCoverZ -  保护层在 z 方向划分的纤维单元数#

#混凝土保护层的厚度是常数;在截面任何一边上的钢筋数是相同的;所有钢筋的型号
是相同的;保护层在短方向的纤维单元个数设置为 1#
```

```
Y1  proc RCsection {id h b cover coreID coverID steelID numBars barArea nfCoreY nfCoreZ nfCoverY nfCoverZ} {

#y轴正方向的截面到保护层外边线的距离#
Y2  set coverY [expr $h/2.0]

#z轴正方向的截面到保护层外边线的距离#
Y3  set coverZ [expr $b/2.0]

#y轴负方向的截面到保护层外边线的距离#
Y4  set ncoverY [expr -$coverY]

#z轴负方向的截面到保护层外边线的距离#
Y5  set ncoverZ [expr -$coverZ]

#相应轴线到混凝土核心区外边线的距离#
Y6  set coreY  [expr $coverY-$cover]
Y7  set coreZ  [expr $coverZ-$cover]
Y8  set ncoreY [expr -$coreY]
Y9  set ncoreZ [expr -$coreZ]

#定义纤维截面#
Y10  section fiberSec $id {

#核心区混凝土#
Y11  patch quadr  $coreID  $nfCoreZ  $nfCoreY  $ncoreY $coreZ  $ncoreY $ncoreZ  $coreY $ncoreZ  $coreY $coreZ

#保护层混凝土#
Y12  patch quadr  $coverID  1  $nfCoverY  $ncoverY $coverZ  $ncoreY  $coreZ  $coreY  $coreZ  $coverY $coverZ
Y13  patch quadr  $coverID  1  $nfCoverY  $ncoreY  $ncoreZ  $ncoverY $ncoverZ  $coverY $ncoverZ  $coreY  $ncoreZ
Y14  patch quadr  $coverID  $nfCoverZ  1  $ncoverY $coverZ  $ncoverY $ncoverZ  $ncoreY $ncoreZ  $ncoreY $coreZ
Y15  patch quadr  $coverID  $nfCoverZ  1  $coreY  $coreZ  $coreY  $ncoreZ  $coverY $ncoverZ  $coverY $coverZ
```

```
#平行于 z 方向钢筋#
Y16  layer straight  $ steelID   $ numBars    $ barArea     $ ncoreY
   $ coreZ        $ ncoreY       $ ncoreZ
Y17  layer straight  $ steelID   $ numBars    $ barArea     $ coreY
   $ coreZ        $ coreY        $ ncoreZ

#计算 y 方向的剩余空间#
Y18  set spacingY [expr ( $ coreY - $ ncoreY)/( $ numBars - 1)]

#防止重复计算钢筋根数#
Y19  set numBars [expr $ numBars - 2]

#平行于 y 方向钢筋#
Y20  layer straight  $ steelID  $ numBars  $ barArea  [expr $ coreY -
$ spacingY]  $ coreZ  [expr $ ncoreY + $ spacingY]  $ coreZ
Y21  layer straight  $ steelID  $ numBars  $ barArea  [expr $ coreY -
$ spacingY]  $ ncoreZ  [expr $ ncoreY + $ spacingY]  $ ncoreZ
Y22  }
Y23  }

#CSIC 所保存的 . mtscs 文件代码
<? xml version = '1.0' encoding = 'utf - 8' ? >
<Configuration name = '' commandMethod = '0' logLevel = '4' version = '3.0'>
  <ControlPointSet>
    <ControlPoint name = 'Control Point #1'>
      <DegreeOfFreedomSet>
        <DegreeOfFreedom name = 'Degree of Freedom #1' mts793ControlChannel = 'Ch
bottom' mts793ControlMode = 'Displacement' />
        <DegreeOfFreedom name = 'Degree of Freedom #2' mts793ControlChannel = 'Ch
top' mts793ControlMode = 'Displacement' />
      </DegreeOfFreedomSet>
      <FeedbackSignalSet>
        <FeedbackSignal name = 'Ch bottom Displacement' mts793Signal = 'Ch bottom
Displacement' />
        <FeedbackSignal name = 'Ch top Displacement' mts793Signal = 'Ch top
Displacement' />
        <FeedbackSignal name = 'Ch bottom Force' mts793Signal = 'Ch bottom Force' />
```

```
      <FeedbackSignal name='Ch top Force' mts793Signal='Ch top Force'/>
     </FeedbackSignalSet>
    </ControlPoint>
  </ControlPointSet>
  <DimensionUnitSet>
    <DimensionUnit dimension='Force' unit='kN'/>
    <DimensionUnit dimension='Length' unit='m'/>
    <DimensionUnit dimension='…' unit='…'/>      #其余单位可忽略不计#
  </DimensionUnitSet>
</Configuration>
```

第5章 实时混合模拟试验

拟动力试验适用于位移敏感性构件，若试验单元为速度相关性构件，如黏滞流体阻尼器等，可使用实时混合模拟试验方法，用于研究在真实地震作用、真实时间尺度下结构的抗震性能和变形损伤。

5.1 实时混合模拟试验简介

Nakashima 于 1992 年提出的实时混合模拟试验是一种改进的拟动力混合试验方法，在保持拟动力混合试验的低成本进行局部足尺/大尺度动力试验的优势外，还更新了拟动力混合试验中的高性能计算机、高速信息通信设备以及先进的控制设备，并采用动态加载作动器代替静态作动器；同时在软件方面开发了新的积分算法和误差修正方法。通过技术革新，实时混合模拟试验的计算效率、加载速度和通信速度得到了极大的提升，具有在真实时间尺度内同步计算、同步加载、同步信息交互的能力。

实时混合模拟试验最大的特点在于“实时”，这意味着时间尺度上的同步，它克服了拟动力试验加载速度低的缺点，可用于研究在真实地震荷载条件下整体结构的抗震性能和试验构件的变形损伤。例如，某结构遭受 60 s 的地震震动，实时混合模拟可以在 60 s 内同步完成试验。尤其是对于一些速度敏感性构件，例如黏滞流体阻尼器等，加载速度对构件的动力行为有极大影响，非常适合于实时混合模拟试验。

当然，实时混合模拟试验的推广和应用也面临着巨大的挑战。当进行大型复杂工程结构的抗震试验时，由于数值单元/子结构庞大复杂，计算耗时过长；需要进行试验单元/子结构过多，联合加载控制困难；试验单元/子结构边界条件过于复杂，难以精确加载模拟等问题，使得实时混合模拟试验方法的推广使用面临诸多困难。

实时混合模拟试验需要将计算机设备（数值子结构的有限元模拟）和加载设备（试验子结构的作动器加载）实时、同步、耦合。该试验方法在推广应用中存在“实时、同步、耦合”三大关键问题，这些是试验的关键控制因素，直接影响试验的成败。

1. 实时问题

实时混合模拟试验要求数值子结构的有限元分析和试验子结构的物理加载实时完成，这对计算机数值计算效率和伺服系统的加载效率提出了极大的挑战。

在有限元计算中，数值单元越复杂(精细建模，非线性特性多)，算法越复杂(隐式算法迭代速度、收敛条件等)，则会造成计算耗时延长，导致数值计算无法在规定时间内实时完成。

在加载过程中，伺服系统传动效率、控制能力等决定着加载过程的耗时。液压伺服系统靠液压油进行传动，其动力响应具有明显的延迟，如若不能进行有效修正，则试验结果存在较大偏差。此外，若试验中使用多台作动器联合加载，由于多台作动器互相影响，加载过程需要缓慢迭代，会导致加载耗时过长，也会破坏试验的实时性。

2. 同步问题

实时混合模拟试验的同步要求是指计算机、作动器在每一步都能按照既定速度完成各自工作，不在任何一个环节出现等待问题，从而进行高速的数据交互。计算机和作动器如同流水线上的两个不同工种，如果出现轻微的延迟可通过补偿手段进行修正，如果出现明显的延迟会导致工作积压，闭环流水线就无法按既定时间完成工作，实时混合模拟试验的同步性会遭到破坏。

3. 耦合问题

实时混合模拟试验要求数值和试验子结构在界面处进行信息交互，这种信息同步交互对信息通信设备提出较高的要求。此外，子结构界面处的分割较为复杂，要完全模拟边界条件也极为复杂，合理简化并保持试验结果的可靠性，是实时混合模拟试验的一项重大挑战。

5.2 实时混合模拟试验的硬件设备

MTS 系统公司提供的实时混合模拟试验设备主要由主机、指令机、目标机、作动器及液压伺服系统组成，如图 5-1 所示，各设备主要作用如下。

1. 主机

主机安装有 MTS 793 软件，接受外部信号，控制作动器运行，并采集传感器信号提供反馈，如图 5-1(a)所示。

相比于拟动力混合试验，主机中的有限元分析软件、子结构接口软件以及作动器外部控制软件被独立到指令机去。

2. 指令机

指令机中 OpenSEES 用于有限元计算分析，OpenFresco 用于子结构数据交互定义，上述软件与拟动力混合试验相同。此外，将拟动力混合试验中 CSIC 的作动器外部信号控制软件更新为 MATLAB 软件，用于控制试验流程，如图 5－1(b)所示。

3. 目标机

目标机安装有数据快速存储器 SCRAMnet 和计算芯片，将指令机中 MATLAB 试验流程控制命令编译成C++执行，提高了执行效率。数据快速存储器提供有限元模拟和试验加载的数据共享和同步交互平台，如图 5－1(c)(d)所示。

4. 作动器及液压伺服系统

实时混合模拟试验中，将静态作动器及液压伺服系统更新为动态作动器，其加载速度更快，延迟更小，动力响应效率更高。设备图片与拟动力混合试验的伺服系统类似。

(a) 主机

(b) 指令机

(c) 目标机监控器

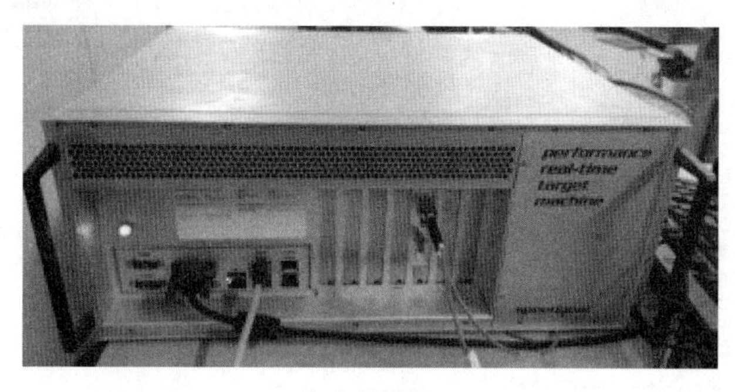

(d) 目标机

图 5－1　实时混合模拟试验的硬件设备

相比于拟动力混合试验，实时混合模拟试验在硬件上更新了高性能计算机(指令机)、高速信息通信设备(光纤、数据快速存储器)以及先进的控制设备(目标机)，并采用动态加载作动器代替静态作动器，上述改进大大提高了拟动力混合试验的效率，使之具备在真实时间尺度内进行同步试验的条件。

5.3 实时混合模拟试验的软件工具

上述硬件设备中，主机、指令机需要预先安装相关软件，目标机则执行C++命令。各设备预装软件如下。

1. 主机

安装 MTS 793，用于控制液压伺服系统，软件功能介绍详见 3.2 节。

2. 指令机

安装 OpenSEES，用于有限元数值分析，软件功能介绍详见 3.2 节。选装 OpenSEES Navigator，即 OpenSEES 可视化工具，功能与 OpenSEES 相同。

安装 OpenFresco，用于子结构数据交互定义，软件功能介绍详见 3.2 节。

安装 Tcl 编译软件，用于编译和执行 OpenSEES 和 OpenFresco 程序。

安装 MATLAB 软件，使用其中Simulink工具箱，建立实时混合模拟试验流程，如图 5-2 所示。

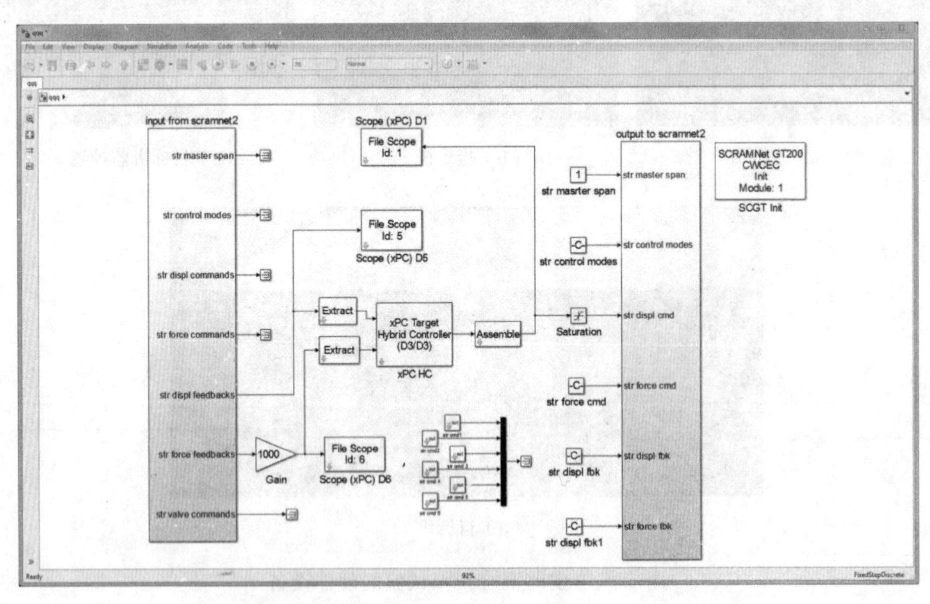

图 5-2　MATLAB——Simulink

3. 目标机

目标机使用 DOS 系统，执行由Simulink编译后的C++命令。

5.4　实时混合模拟试验的运行原理

实时混合模拟试验的运行原理如图5-3所示。试验的主要设备包括三大类：①目标机，用于闭环试验流程控制以及模拟、试验数据共享；②指令机，用于数值单元有限元分析；③主机、控制机和作动器，共同用于试验单元力学加载。

实时混合模拟试验最关键的部分为目标机，起桥梁作用。目标机左边联系指令机的有限元分析结果，右边读取控制器中作动器加载数据，然后通过数据快速存储器进行数据共享交互，并进行试验流程控制。

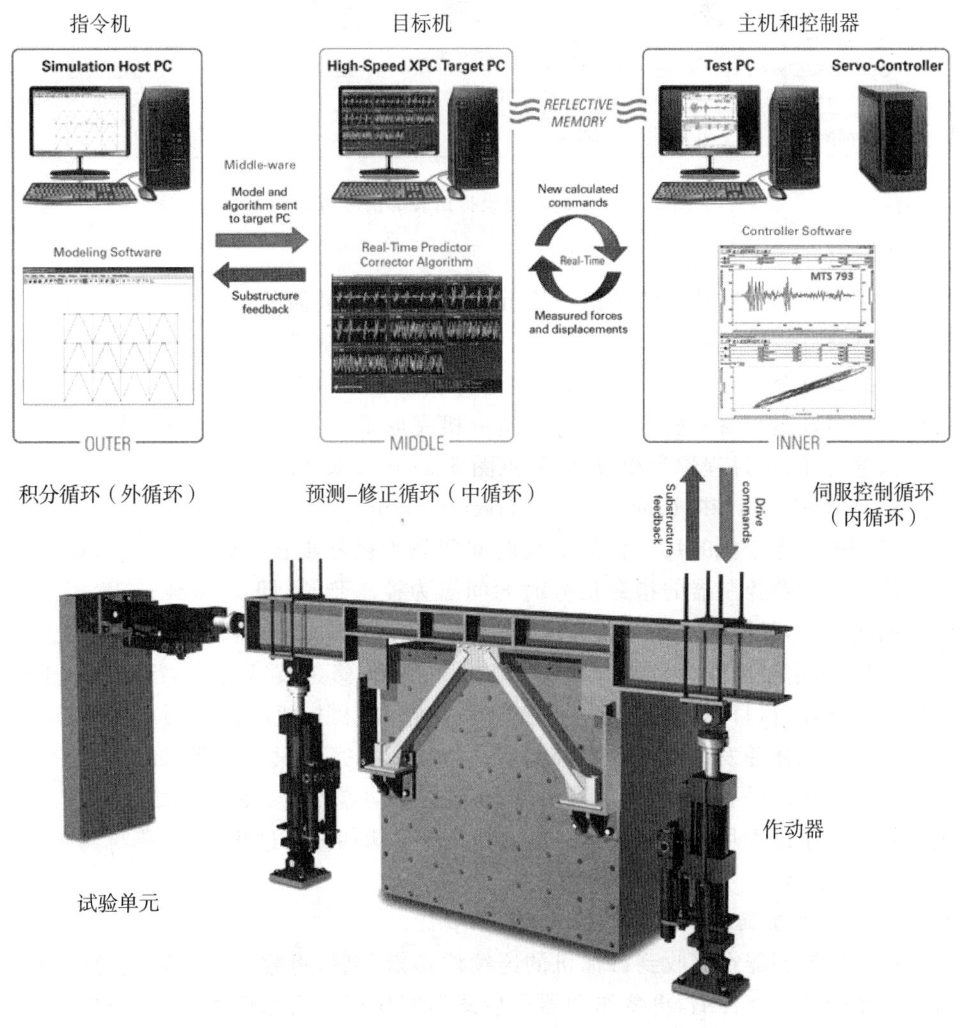

图5-3　实时混合模拟试验的运行原理图

实时混合模拟试验中，系统包含三大循环，分别为积分循环、预测-修正循环、伺服控制循环，如图 5-4 所示。

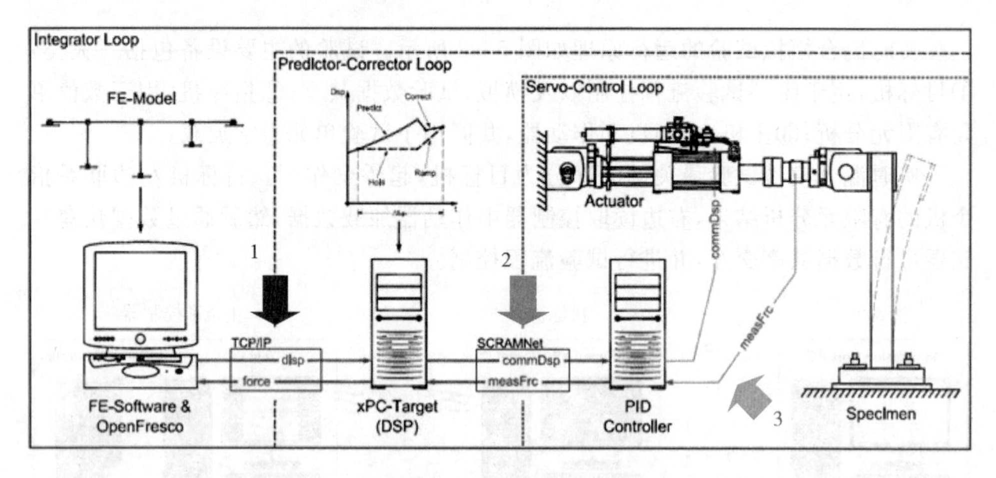

图 5-4 实时混合模拟试验的信号传递图

1. 积分循环(Integrator Loop)

指令机中建立数值子结构的有限元模型，并定义数值子结构与试验子结构界面处数据交互规则。在每个积分步长，指令机与目标机进行数据交互。指令机接收目标机的反馈力信号，并入有限元中进行积分运算，计算出结构下一步位移，并将位移信号发送至目标机。上述过程指令机完成了一步有限元积分计算，进行了一次数据交互，该过程称为积分循环，见图 5-4 中箭头 1。

2. 预测-修正循环(Predictor-Corrector Loop)

目标机与指令机的每次数据交互时间间隔为积分步长，即 20/1024 s，而目标机发送给作动器控制器的指令信号时间间隔为控制步长，即 1/1024 s。为了保证试验的连续性，目标机使用了预测-修正的子步技术，对作动器控制器连续发送位移指令信号，信号间隔为控制步长 1/1024 s。预测-修正技术是指，当指令机正在执行积分计算时，目标机暂未获得下一步位移指令，目标机将依据历史位移指令，预测下一步位移并发送至作动器控制器。待指令机完成积分计算，目标机获得下一步位移计算结果后，立即转入修正模式，迫使作动器控制器在该步结束时达到指定位置。上述过程目标机完成了一次位移指令预测和修正过程，该过程称为预测-修正循环，见图 5-4 中箭头 2。

3. 伺服控制循环(Servo-Control Loop)

作动器控制器在接收到目标机的连续位移指令后，将数字信号转化为模拟信号控制作动器活塞伸缩，再将作动器上传感器的反馈力模拟信号同步采样为数字信号，反馈至目标机。在此过程中，MTS 793 使用 PID 控制技术，提高了作动器位移追踪效果。上述伺服系统控制过程称为伺服控制循环，见图 5－4 中箭头 3。

根据上述描述，如果计算机运算耗时大于模拟步长，则会出现控制机迟迟等不到 t_{i+1} 时刻计算位移信号，则会出现明显时滞突变现象。

5.5　实时混合模拟试验的操作流程

本章同样使用 3.1 节的双层钢结构框架模型设计实时混合模拟试验。具体操作步骤如下。

1. 打开设备

① 打开主机、指令机、目标机。

② 打开 MTS 液压伺服系统的控制器、冷却系统、油源控制。

2. 子结构建模和数据交互定义

(1)数值子结构建模

与 3.3 节数值单元建模相同。

(2)子结构数据交互定义

① 调用 OpenFresco 函数，代码如下：

```
X1  loadPackage  OpenFresco    #加载 OpenFresco 程序包#
```

② 试验控制方法。实时混合模拟试验采用 xPCtarget 定义试验控制方式。相比于拟动力混合试验的 MTSCsi 控制方法，xPCtarget 可实现实时同步的混合试验。

OpenSEES 命令如下：

```
expControl xPCtarget $tag $type ipAddr $ipPort appName appPath<-ctrlFilters
(5 $filterTag)><-daqFilters (5 $filterTag)>
```

$tag 表示控制编号；$type 表示预测-修正循环类型，1 表示位移，2 表示位移、速度，3 表示位移、速度、加速度；ipAddr 表示目标机地址；$ipPort 表示目标机 IP 端口；appName 表示要加载的 Simulink 应用程序的名称(不带 .dlm 扩展名)；appPath 表示Simulink应用程序路径。

代码如下：

```
X2  expControl  xPCtarget  1  1  "192.168.7.1"  22222multiple_actuator  "C:/
soft_real_time/"  #试验单元控制编号 1，采用位移预测修正模型，目标机地址为
192.168.7.1，IP 端口为 22222，加载的Simulink程序名称为 multiple_actuator.dlm，路径为
C:/soft_real_time/ #
```

③ 试验设置。实时混合模拟试验仍采用 NoTransformation 试验设置。

代码如下：

```
X3  expSetup  NoTransformation  1  -control  1  -dir 1  2  -sizeTrialOut 2 2
-trialDispFact 0.333  0.333  -outDispFact 3  3  -outForceFact  2  2
#采用 NoTransformation 试验单元设置方法，编号 1，试验单元控制方法 1，输出 2 个数据(-dir 1 2)，输入、输出数据(-sizeTrialOut)均为一组 2 个数据(x1,x2)和(f1,f2)，从数值到试验子结构位移指令均缩尺 0.333，从试验到数值子结构，位移指令均放大 3 倍，反馈力均放大 2 倍#
```

④ 试验站点设置。实时混合模拟试验采用本地试验，建立本地站点。

代码如下：

```
X4  expSite  LocalSite  1  1    #建立本地站点，站点编号 1，采用 1 号试验单元设置方式#
```

(3)试验子结构定义

与 3.3 节试验单元定义相同。

(4)数据输出定义

与 3.3 节数据输出定义相同。

(5)振动定义

与 3.3 节振动定义相同。

(6)分析参数定义

分析参数定义如下，时步间隔 0.01953125(=20/1024 s)要与后文中积分步长相同。

代码如下：

```
X5  constraints Plain
X6  numberer Plain
X7  system BandGeneral
X8  test NormDispIncr 1.0e-8 10 2
X9  algorithm Linear
X10  integrator  AlphaOSGeneralized  0.5
X11  analysis Transient
X12  analyze 3072 0.01953125
X13  puts "Ground Motion analysis over"
```

(7)保存并待命

保存上述命令，待命。

3. MTS 793 预设

(1)打开站点

打开桌面 MTS 793 控制软件,点击“Station Manager”→“Project 1”,选取合适的站点文件。

(2)预设 MPT 外部控制

点击“Applications”→“Multipurpose TestWare(edit only)”,创建一个 MPT 程序,让执行器在外部命令模式下运行,如图 5-5 所示。

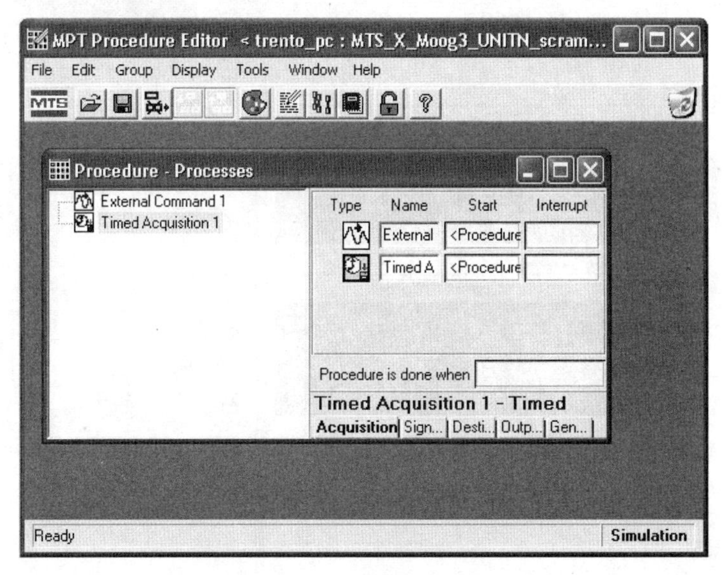

图 5-5　创建 MPT 程序

4. 启动 MTS 793

(1)作动器增压

油源高压准备。

(2)启动 MTS 793 软件

① 创建新项目

进入已定义的 MPT 外部命令控制界面,创建新项目,如图 5-6 所示。

② 解除内锁

点击将“Interlock 1”→“Reset”,如图 5-7(a)所示。如果 Limits、Errors、Channels、Signals 前有红色警示,要先消除警示后才能复位。

③ 加压

启动液压伺服系统中的 HPU、HSM,先启动低压,待稳定后启动高压,如图 5-7(b)所示。

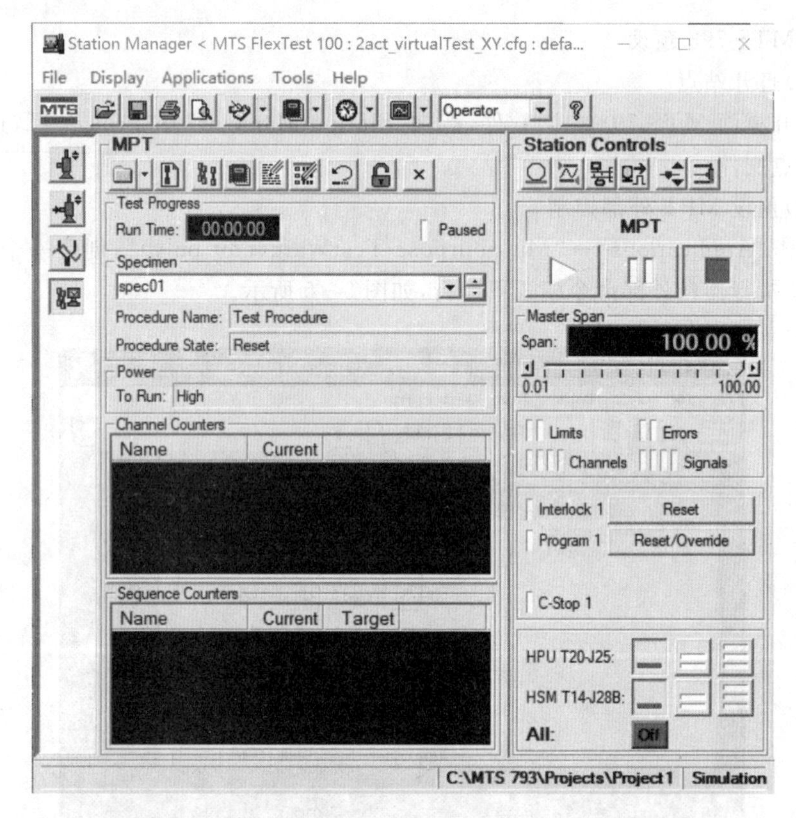

图 5-6 创建新项目

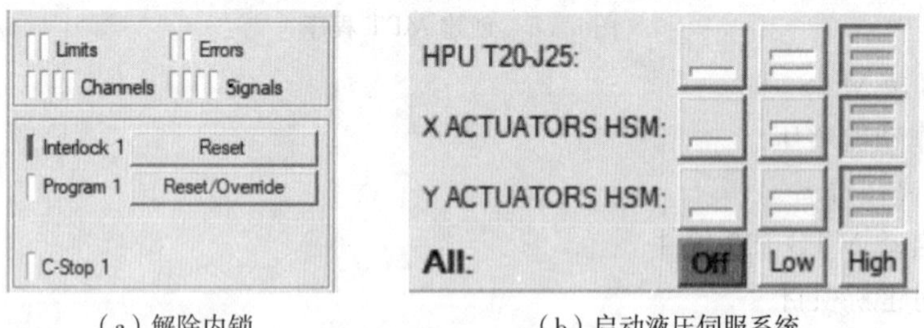

（a）解除内锁　　（b）启动液压伺服系统

图 5-7 解锁增压

④ 初始状态清零

在启动液压伺服系统后，系统可能有初始内力，点击“Auto Offset”→“Clear Offset”，此时出现作动器绝对位移和反力，如图 5-8(a)所示。

打开工具栏“Manual Controls”，手动调节作动器反力为零，使作动器和试验构件处于刚接触零受力状况，如图 5-8(b)所示。反力清零后关闭“Manual Controls”工具栏。

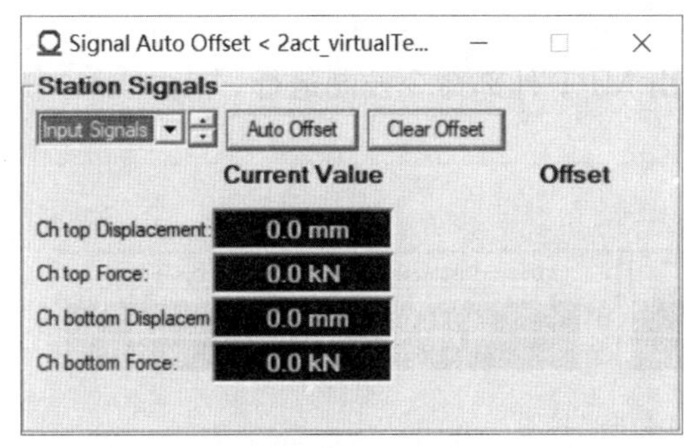

（a）Auto Offset界面

（b）Manual Controls界面

图 5－8　初始状态清零

返回“Signal Auto Offset”界面，此时作动器反力近似为零，位移非零。点击“Auto Offset”，将位移和反力重新标定为零。此状态为反力的绝对零点，位移的相对零点，试验将基于此状态进行加、卸载。

⑤ 设置限位

打开工具栏“Detectors”，对试验进行限位。由于拟动力混合试验在试验过程中无法自动中断，为了保护试验加载设备不超量程工作，一般需要设置位移限位。限制大小可根据虚拟混合试验结果适当放大得到。由于采用位移控制，反力量程可不设置限位。

限位方式可选择 Disabled（无限制）、Indicate（警示）、Interlock（内锁）、Station Power Off（站点降压），推荐使用 Interlock。限位设置如图 5－9 所示。

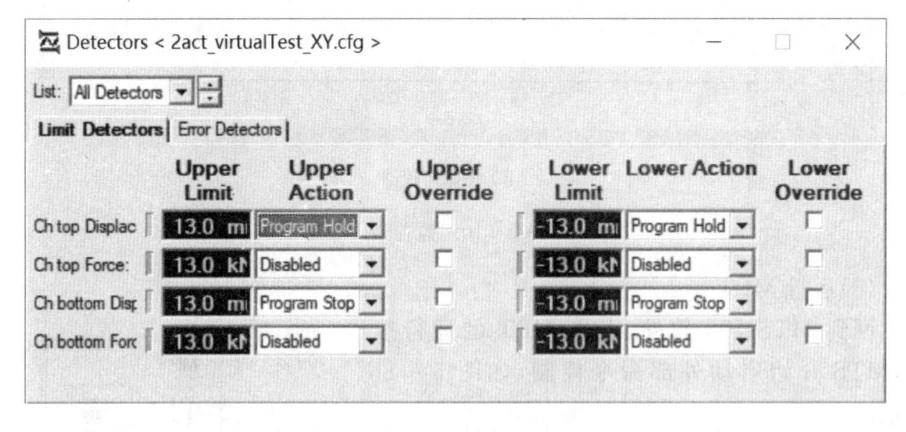

图 5－9　限位设置

⑥ 打开监控器

打开工具栏“Meters”和“Scope”，即数据监控器和图像监控器，监控试验运行状况，如图 5－10 所示。

上述设置完成后，MTS 作动器将由 MPT 外部命令控制运行。

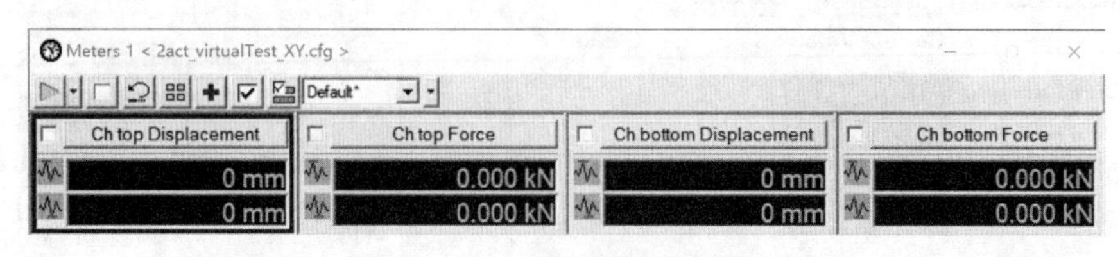

（a）数据监控器

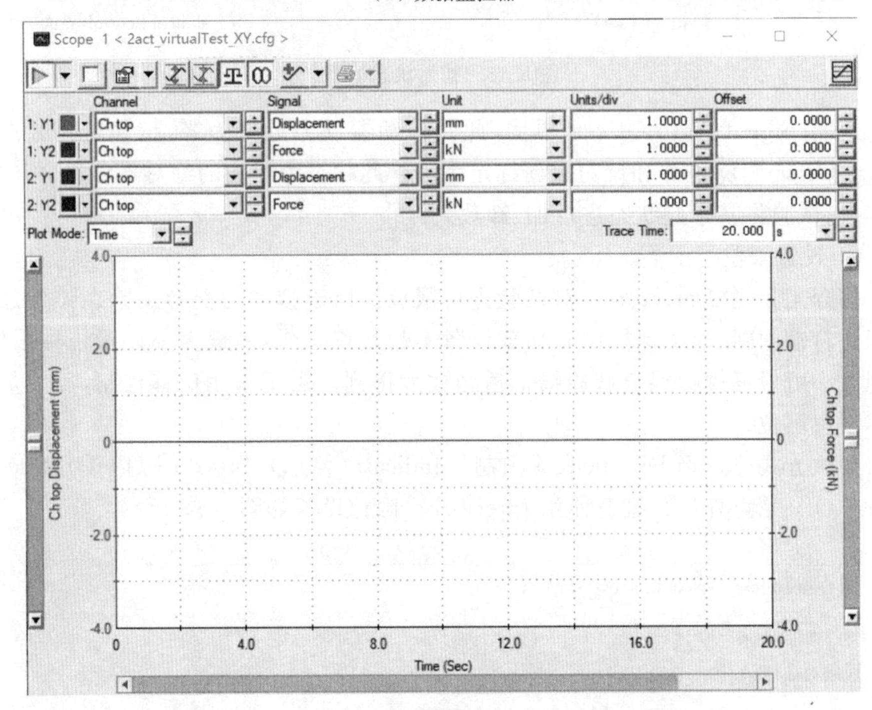

（b）图像监控器

图 5－10　监控器

（3）运行 MPT

回到 MTS 793 软件，点击 MPT 的运行按钮，MTS 开始启动外部命令控制，如图 5－11 所示。

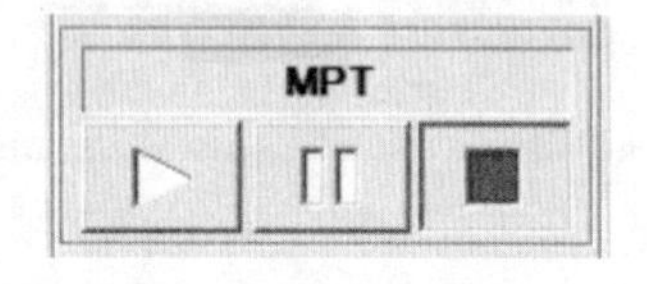

图 5－11　运行 MPT

5. Simulink试验流程设置

（1）启动Simulink试验流程文件

在 MATLAB 中打开实时混合模拟文件夹中Simulink流程文件“xxx. mdl”，例如本试验中的“C:/soft_real_time/multiple_actuator. mdl”。

(2)Simulink初始设定 scramInitial

Simulink中 xPC HC 模块涉及调用有限元 OpenSEES 进行积分运算和设定目标机的预测－修正循环参数。其初始参数位于“C:/soft _ real _ time/scramInitial. m”,包括 dtInt、dtSim、dtCon、N、iDelay(注:以上各参数均为Simulink中参数,需要与有限元中参数区分),如图 5－12 和图 5－13 所示。

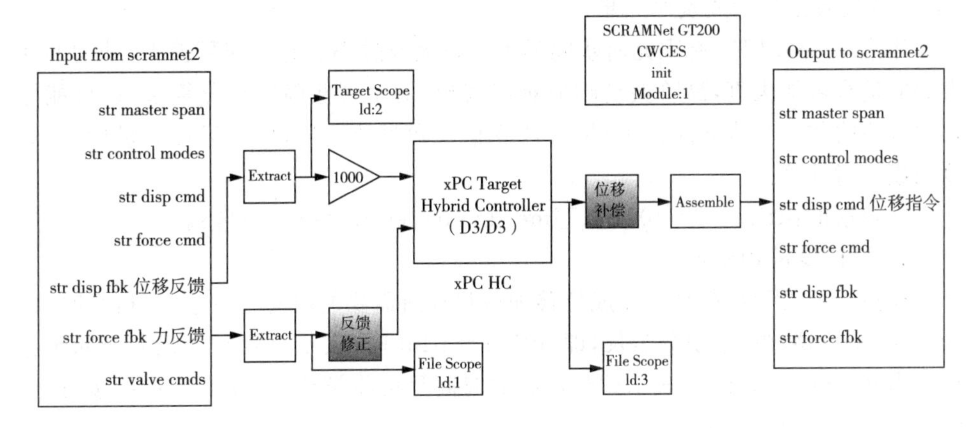

图 5－12 Simulink流程

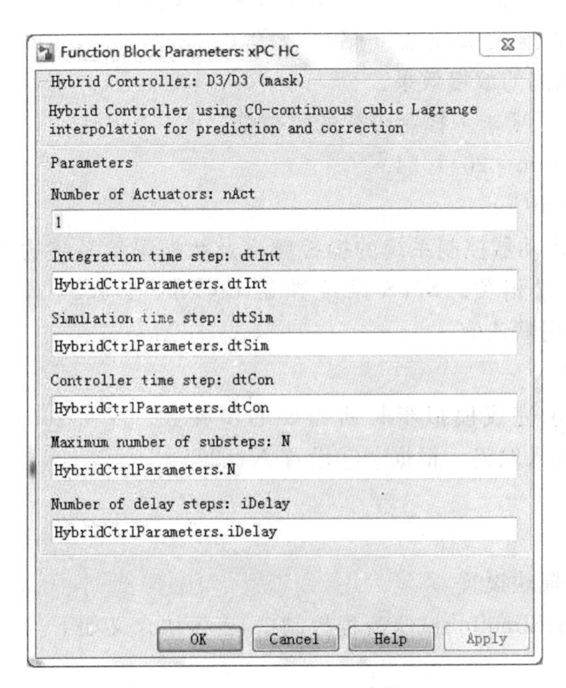

图 5－13 xPC HC 初始参数设置

这些参数及有限元中的时步间隔的作用在于使目标机上游计算位移、反馈力(数值信号)与下游指令位移、反馈力(时间序列信号)协调统一。

① 积分步长 dtInt

OpenSEES 有限元求解离散运动方程并发出位移信号的步长间隔称为时步间隔,而Simulink接收到位移信号的时间间隔称为积分步长。在实时混合模拟试验中,Simulink中积分步长应与有限元中时步间隔完全相同,表示有限元发出信号与Simulink接收信号达成实时同步。

注意:OpenSEES 有限元时步间隔不宜过大或过小。时步间隔偏大,结构的动力响应信息可能失真,高阶振动响应难以表现,对于某些隐式积分算法,还可能导致积分不收敛。时步间隔偏小,尽管计算精度和收敛性均提高,但计算量增大,难以完成实时计算。

推荐取值:dtInt=20/1024 s,Time step increment=20/1024 s。

② 模拟步长 dtSim

模拟步长表示加载系统完成位移加载目标所需要的时间。对于"严格实时"试验,模拟步长要求等于积分步长,即 dtSim=dtInt 时,表示计算和加载完全同步进行。当 dtSim>dtInt 时,表示试验加载的时间尺度将被放大,速度将被放缓,试验将类似于拟动力混合试验。

在 3.3 节的虚拟混合试验中,L103 显示积分步长为 0.02 s,L67 显示模拟步长为 0.1 s,因此试验速度被放慢 5 倍(0.1/0.02=5)。本节中,若取 dtSim=5×dtInt,也可达到相同的放慢效果。

此外,模拟步长要求为控制步长的整数倍。

推荐取值:dtSim=20/1024 s。

③ 控制步长 dtCon

控制步长为作动器控制系统的操控频率及数据采集系统的采样频率,仅与液压伺服系统的设置相关。MTS 系统默认 dtCon=1/1024 s,最小控制步长为 1/2048 s。推荐使用默认值。

④ 子步步数 N

子步步数表示完成模拟步长所需要的步骤数。N=round(dtSim/dtCon),round 表示四舍五入取整。根据②③设置 N=20。

⑤ iDelay

默认等于 N。

(3)Simulink模块设置

图 5-12 中的Simulink试验流程控制中,各模块含义如下。

① SCRAMNet GT200

SCRAMNet GT200 是将 Simulink 与目标机中 SCRAMnet 连接并共享数据的模块，黑色状态表示连接成功。SCRAMNet 连接如图 5－14 所示。

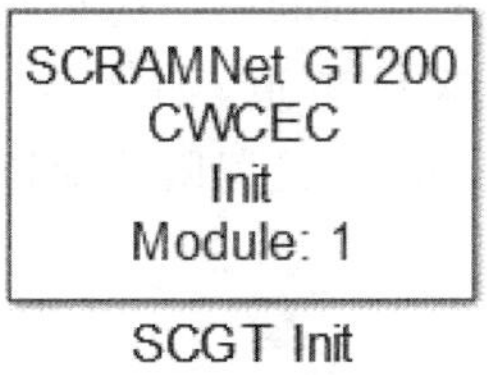

SCRAMNet GT200
CWCEC
Init
Module: 1

SCGT Init

图 5－14　SCRAMNet 连接

② Input from scramnet2 和 Output to scramnet2

SCRAMNet 信号输入模块如图 5－15(a)所示。SCRAMNet 将作动器信号共享输入 Simulink 模块，采用反馈力和测量位移作为输入。反馈力信号与测量位移信号输入均与作动器测量单位保持一致，MTS 作动器默认力和位移的测量单位分别为 kN 和 mm。如模型单位与其不一致，需要采用 Gain(增益)模块进行单位换算。图 5－10(a)中显示 str force feedbacks 后加入了 1000 倍增益，将作用其反馈力信号由 kN 换算为 N。

SCRAMNet 信号输出模块(Output to scramnet2)如图 5－15(b)所示，将有限元计算结果输入 SCRAMNet，多采用位移控制法，位移信号输入 str displacement command(str displ cmd)中。输出信号需要与作动器单位一致，如果输出信号单位不一致，增加 Gain 模块进行单位换算。

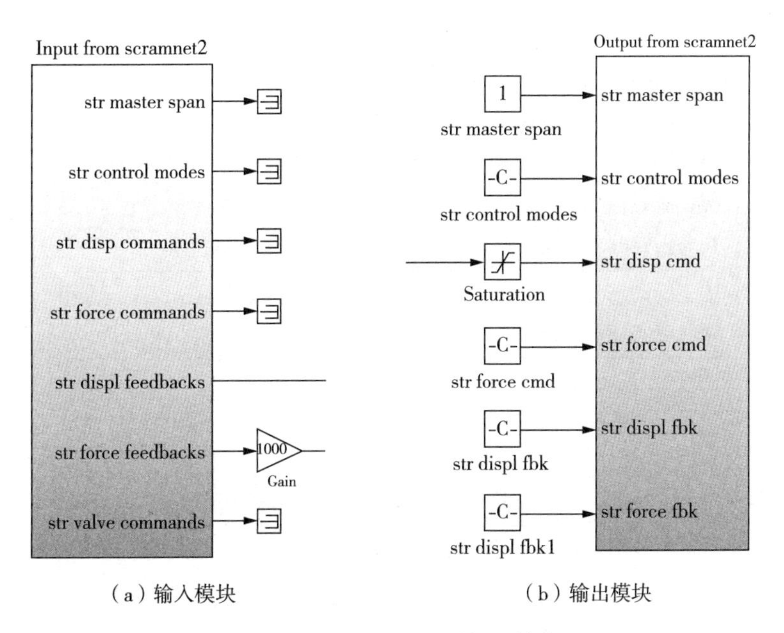

(a) 输入模块　　(b) 输出模块

图 5－15　SCRAMNet 输入/输出

③ Extract 和 Assemble

Extract 用于选择输入信号来源于哪个通道，原始设定信号来源有 6 个通道。Index vector 表示信号来源通道，如图 5－16(a)所示。

Assemble用于选择输出信号通道，原始信号输出为 6 通道，Index vector 表示信号输出通道，如图 5 - 16(b)所示。为防止试验失稳破坏试验设备，可在Assemble后设置限位模块。

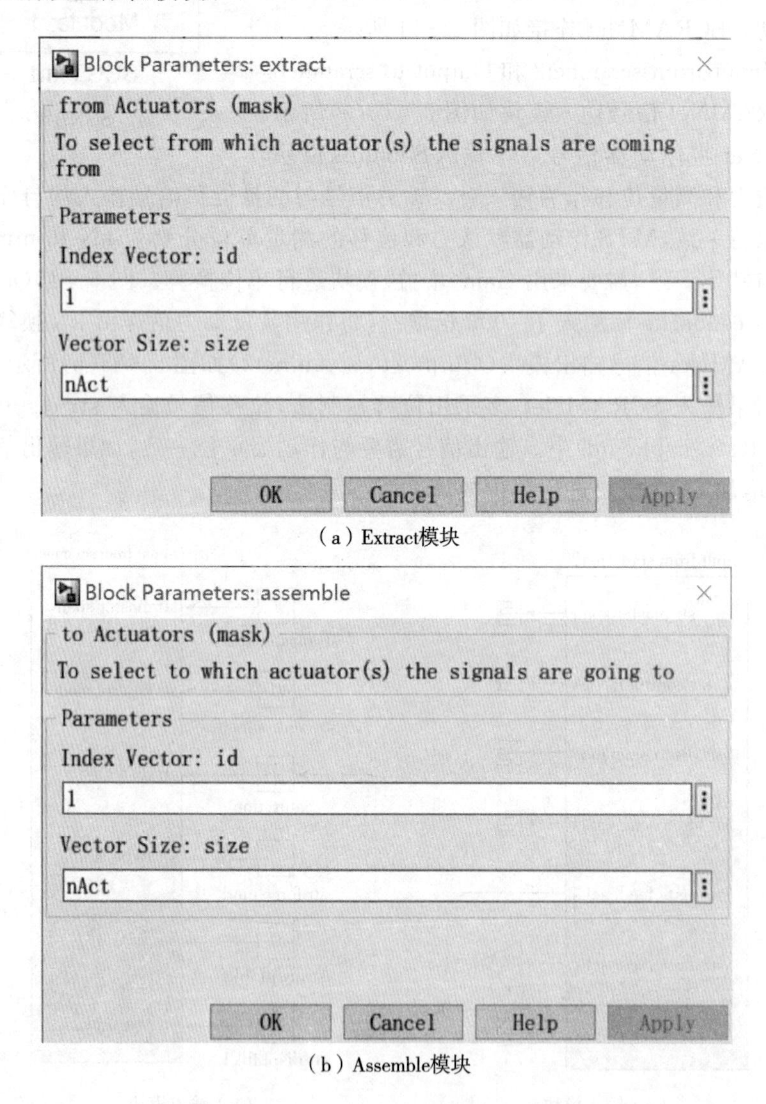

(a) Extract模块

(b) Assemble模块

图 5 - 16　Extract 和 Assemble 模块

④ File Scope 和 Target Scope

File Scope 模块用于记录试验数据，需选择“AutoRestart”，如图 5 - 17(a)所示。

Target Scope 模块用于在目标机显示器上同步显示数据图形，如图 5 - 17(b)所示。

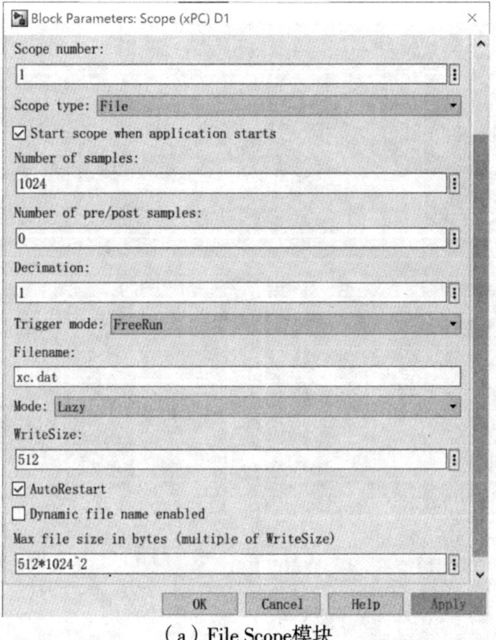

（a）File Scope模块

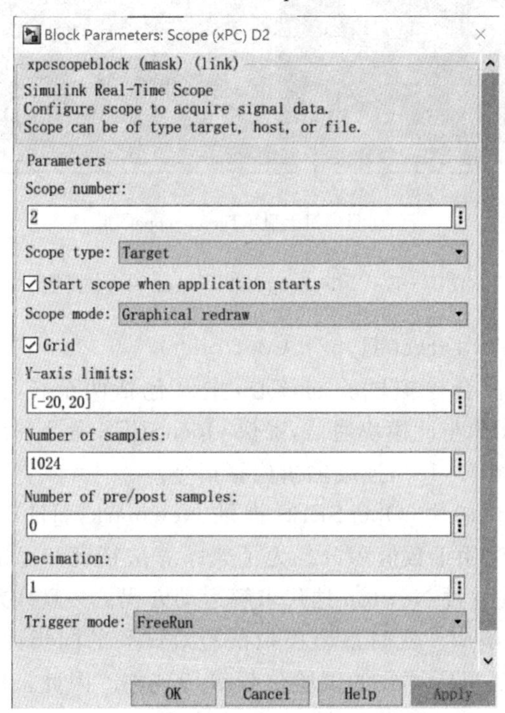

（b）Target Scope模块

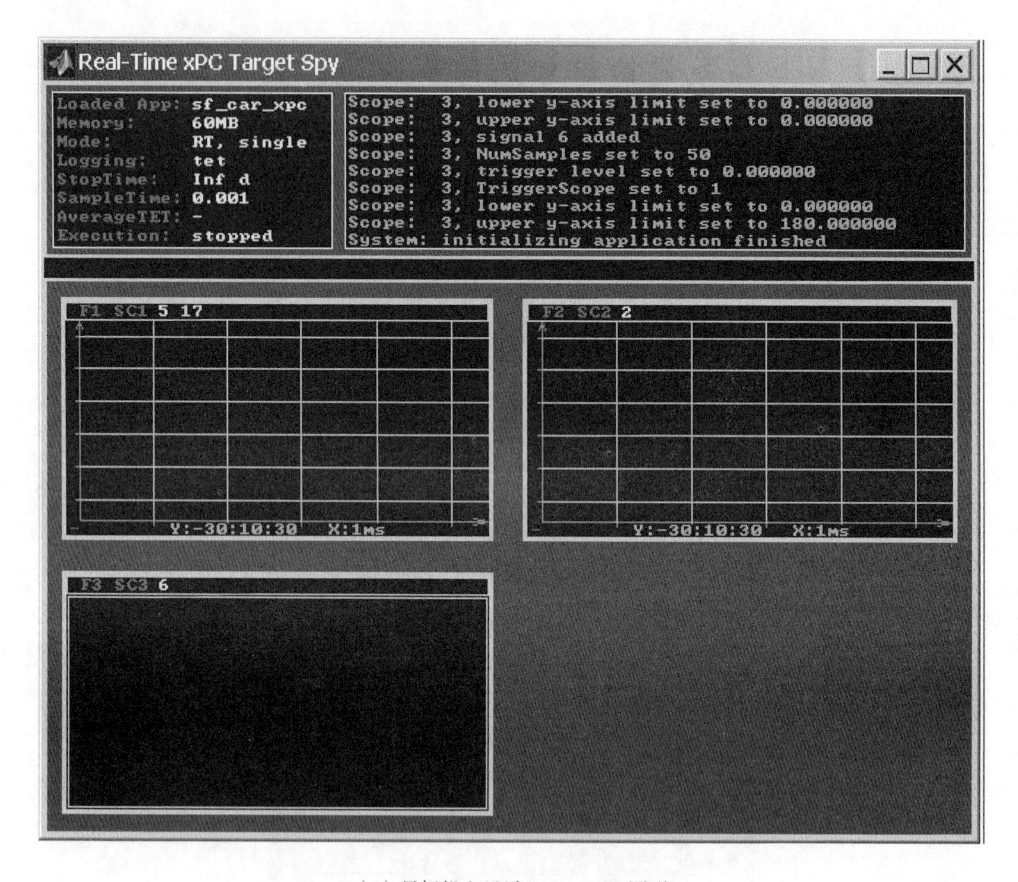

(c) 目标机上显示Target Scope图形

图 5 - 17　File Scope 和 Target Scope 模块

⑤ xPC HC(xPC Target Hybrid Controller)

该模块是实时混合模拟试验的核心，主要包括两个核心功能：OpenSEES/OpenFresco 使用 API 与此模块通信，确保 OpenSEES 命令和反馈在实时中执行；预测-修正循环(见图 5 - 18)，连续输出位移指令。

实时混合模拟试验中，OpenSEES 提供 Newmark，HHT，Generalized - α 和 TRBDF2 等积分算法用于数值积分。为了兼顾算法精度和稳定性，推荐使用隐式 Generalized - α 算法通过 Newton 迭代求解运动方程。一旦残差收敛到阈值，便可获得第 $i+1$ 步动力响应。实时混合模拟试验对试验的同步性、连续性要求较高，不允许出现因计算延迟所导致的试验停顿等待现象。因此，xPC HC 模块中引入预测-修正子步技术，用于保障实时试验的连续性。

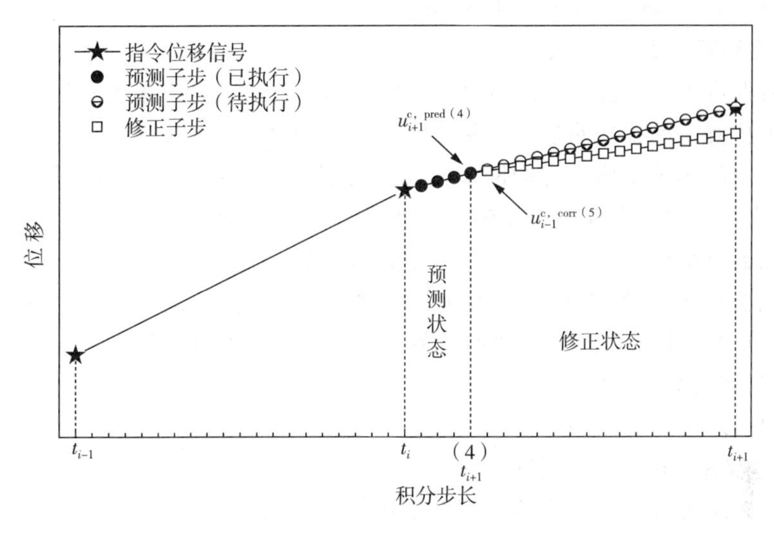

图 5-18 预测-修正循环

前文指出，积分步长、模拟步长均为控制步长的 20 倍，表示预测-修正模块将在每个积分间隔内插入 20 个子步。假设 t_i 时步的指令位移和反馈力分别为 x_i^c 和 f_i^m，理想状况下，在 $[t_i, t_{i+1}]$ 时间间隔内，均匀插入 20 个子步，分别为 $t_{i+1}^{(1)}, \cdots, t_{i+1}^{(20)}$，其中 $t_{i+1}^{(end)} = t_{i+1}$。在 $t_{i+1}^{(n)}$ 时刻，指令位移和反馈力分别为 $u_{i+1}^{c(n)}$ 和 $f_{i+1}^{m(n)}$，且在 t_{i+1} 时刻，$u_{i+1}^c = u_{i+1}^{c(end)}$，$f_{i+1}^m = f_{i+1}^{m(end)}$。

当在 t_i 时刻获得数值子结构和试验子结构反馈力 $\boldsymbol{F}_i^N$ 和 $\boldsymbol{F}_i^E$ 后，计算机立即调用积分算法迭代求解下一步指令位移 u_{i+1}^c。在积分计算期间，为了使试验保持连贯，作动器控制系统将根据 $t_{i-3} \sim t_i$ 时刻的历史指令数据 $u_{i-3}^c \sim u_i^c$，采用 Lagrange 三次多项式外推预测 t_{i+1} 时刻指令位移 $u_{i+1}^{c,pred}$，并将位移增量均分成 20 份，依次输出预测子步信号 $u_{i+1}^{c,pred(n)}$，如图 5-18 中实心圆点。

假设计算机在 $t_{i+1}^{(s+1)}$ 时刻前完成 u_{i+1}^c 的求解，一旦求解过程完成，控制系统立刻切换成修正状态，并采用三阶 Lagrange 多项式进行内插，在剩余时间 $t_{i+1}^{(n)}$ $(n = s+1, \cdots, 20)$，输出指令位移修正子步 $u_{i+1}^{c,corr(n)}$，并有 $u_{i+1}^c = u_{i+1}^{c,corr(end)}$，如图 5-18 中空心方点。在 $t_{i+1}^{(n)}$ 时刻，作动器上力传感器同步测量试件反力 $f_{i+1}^{m(n)}$，仅在 t_{i+1} 时刻将 f_{i+1}^m 反馈给运动方程。

图 5-18 中，预测-修正模块在 $t_{i+1}^{(1)} \sim t_{i+1}^{(4)}$ 期间输出预测子步 $u_{i+1}^{c,pred(1)} \sim u_{i+1}^{c,pred(4)}$；在 $t_{i+1}^{(5)}$ 时刻前，求解 u_{i+1}^c 完成，并在 $t_{i+1}^{(5)} \sim t_{i+1}^{(20)}$ 期间继续输出修正子步 $u_{i+1}^{c,corr(5)} \sim u_{i+1}^{c,corr(5)} \sim u_{i+1}^{c,corr(20)}$；在 t_{i+1} 时刻，f_{i+1}^m 被反馈给运动方程，并继续下一步积分运算。上述预测-修正技术保证了实时试验在积分计算期间的连续性，使加载过程较为平顺，缓解了实时计算压力。为了平衡计算耗时和加载平顺，该模块默认设置计算耗

时不超过 0.6Δt，剩余时间进行位移修正。

⑥ 位移补偿和反馈力修正模块

实时混合模拟试验中，由于液压伺服系统响应的延迟性，作动器位移指令和其实际推抵位置之间存在明显的时滞误差。时滞对实时混合试验是致命的，作动器响应延迟会破坏子结构耦合的同步性，破坏试验系统的实时性。时滞等效于负阻尼作用，会向实时混合模拟系统输入额外的能量，可能会导致系统失稳。

作动器响应延迟主要采用补偿方法进行控制，目前常使用位移补偿方法和反馈力修正方法来降低作动器的位移追踪延迟和反馈力测量误差。因此，可在 xPC HC向外输出位移指令时增加位移补偿模块；在向 xPC HC 输入反馈力信号时，增加反馈力修正模块。

(4)编译Simulink程序

① 定义Simulink运行时间

运行时间需大于 OpenSEES 模拟总时间，如图 5-19 所示。

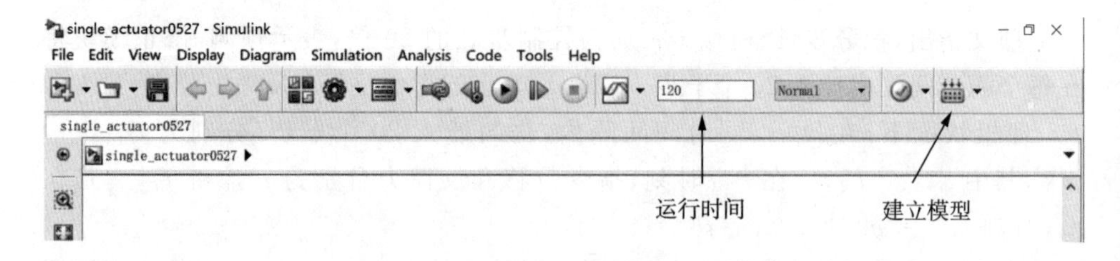

图 5-19 定义Simulink运行时间

② 保存Simulink程序

可保存 .mdl 文件或 .slx 文件，文件必须保存在“C:\soft_real_time\”文件夹下，该文件夹下才可调用 scramInitial. m 等参数。

③ 编译Simulink程序

点击“Build Model”图标将程序编译为C++写入目标机。关闭Simulink程序，回到 MATLAB 操作界面，待完成第 5 步后再使用。

(5)Simulink初始量清零

在 MATLAB 提示符下键入“tg. start”命令，它将对共享内存的外部命令归零，并为 OpenSEES 保留可用的通信渠道。内存清零后，可输入“tg. stop”中止清零。

6. 运行 OpenSEES

(1)其他外部传感器接线

运行前，可在试验构件上补充接入外设传感器，如应变片、位移计、非接触式测试系统等，保证各传感器可正常使用。

（2）实时混合模拟试验程序执行

与图 3-22 的虚拟混合试验运行过程相同。

① 打开 Tcl 文件，点击运行，如图 3-22(a)所示。

② 显示试验单元信息，点击“Enter”键，如图 3-22(b)所示。

③ 显示 MTS 793 初始信息，继续点击“Enter”键，如图 3-22(c)所示。

④ 监控器上出现试验构件响应，如图 3-22(d)所示。

（3）紧急处置

实时混合模拟试验过程一般不人为中断，若试验中出现任何紧急情况，建议按下急停按钮，强制作动器卸压停机。

7. Simulink的数据提取

实时混合模拟试验结束后，可通过以下命令提取 File Scope 内记录的试验数据。

代码如下：

```
M1  ftp = xpctarget.ftp('TCPIP','192.168.7.1','22222');       % % 注意 xpc 机的 IP 地址一定要对应，可以用 xpcexplr 命令中的 host to target communication 查看
M2  ftp.get(['xm.dat']);      % % 此命令可以在当前目录产生一个 xm.dat 的文件，但是没法直接导入 MATLAB
M3  temp1 = readxpcfile('xm.dat');      % % 将 xm 导入 MATLAB。此 temp1 数据为'1×1struct'形式，数据位于其 temp1.data 目录下，第 1～6 列(对应通道 1～6)为数值信号，最后一列为时间轴
M4  xm = temp1.data(:,1:2);      % % 读取 temp1 中第 1～2 列位移数据信号
M5  t = temp1.data(:,end);      % % 读取 temp1 中最后一列时间数据信号
M6  ftp.get(['xc.dat']);      % % 同理，读取指令位移 xc
M7  temp2 = readxpcfile('xc.dat');
M8  xc = temp2.data(:,1:2);
M9  ftp.get(['fm.dat']);      % % 同理，读取测量反馈力 fm
M10  temp3 = readxpcfile('fm.dat');
M11  fm = temp3.data(:,1:2);
```

以上命令可以完成 xPC 的数据从 xPCTarget 中导入 MATLAB 中。

8. OpenSEES 数据提取

在 output 文件夹中找到试验数据记录文件，包括 Tcl 命令中的试验数据(txt 文件)和项目执行日志 2story4bay.log。

5.6 实时混合模拟试验误差分析

1. 时滞评价

对比上节所记录的作动器指令位移 u^c 和实际抵达位移 u^m，可采用时域、频域评价方法判断试验位移追踪效果。例如，渐消记忆递推最小二乘法实时在线估计系统时滞，FEI 双参数频域评价方法，TI 轨迹指示误差指标，EE 能量误差指标，等等。

2. 实时性评价

对比Simulink中指令位移子步信号 u^c（控制步长，即 1/1024 s）和 OpenSEES 中指令位移信号 expele_CtrlDisp（积分步长，即 20/1024 s），若二者完全吻合，表示试验实现严格实时；若 u^c 信号长度大于 expele_CtrlDisp，则表示试验中出现计算延迟现象。

图 5－20 对比了某次试验的位移子步信号 u^c 和指令位移信号 expele_CtrlDisp，在 2.55 s 前，二者吻合度较高，表明实现严格实时试验；而在 2.55 s 之后，子步信号落后于指令位移信号，表明此处出现了因计算延迟导致的试验等待现象，试验的实时性遭到破坏。

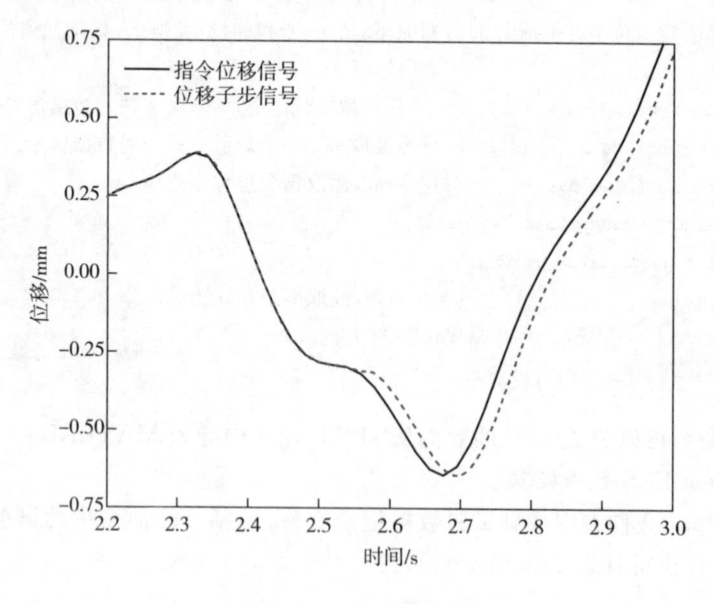

图 5－20 实时性评价

3. 试验结果分析

在完成时滞评价和实时性评价后，可根据 OpenSEES 有限元计算结果分析整体结构的抗震性能，还可通过试验加载过程的数据采集分析局部构件在真实地震作用下的变形损伤。

5.7 案　例

案例 5-1　钢筋混凝土隔震结构的支座实时混合模拟模拟试验

整体结构参考案例 2-1，将其中支座 B 下滑移支座划分为试验子结构，其余上部钢筋混凝土结构和支座 A、C、D 划分为数值子结构，如图 3-26 所示。设计实时混合模拟试验。

```
初始设置同案例 2-1 中代码 X1—X3
节点定义同案例 2-1 中代码 X4—X27
约束定义同案例 2-1 中代码 X28—X35
质量定义同案例 2-1 中代码 X109—X128
混凝土、钢材材料定义同案例 2-1 中代码 X36—X39
梁截面定义同案例 2-1 中代码 X40—X49
柱截面定义同案例 2-1 中代码 X50—X61
几何定义同同案例 2-1 中代码 X62
柱单元定义同案例 2-1 中代码 X63—X78
梁单元定义同案例 2-1 中代码 X79—X93
支座定义同案例 3-1 中代码 X1—X8
分析结果输出定义同案例 3-1 中代码 X9—X20

#定义试验单元设置#
X1  loadPackage  OpenFresco
X2  expControl  xPCtarget  1  1  "192.168.7.1"  22222single_actuator  "C:/soft_real_time/"  #试验单元控制编号 1，采用位移预测修正模型，目标机地址 192.168.7.1，IP 端口为 22222，加载的Simulink程序名称为 single_actuator.dlm，路径为 C:/soft_real_time/ #
```

X3 expSetup NoTransformation 1 -control 1 -dir 1 -sizeTrialOut 1 1 -trialDispFact 1 -outDispFact 1 -outForceFact 1 #采用 NoTransformation 试验单元设置方法，编号 1，试验单元控制方法 1，方向为水平方向(-dir 1)，输入、输出数据(-sizeTrialOut)均为一个数据(x)和(f)，从数值到试验子结构位移指令均缩尺 1，从试验到数值子结构，位移指令均放大 1 倍，反馈力均放大 1 倍#

X4 expSite LocalSite 1 1 #建立本地站点，站点编号 1，采用 1 号试验单元设置方式。#

X5 expElement generic 36 -node 2 -dof 1 -site 1 -initStif +38.05e3 #建立 generic 试验单元，单元编号 36，节点 2，自由度 x 方向，站点 1，初始刚度 38.05 kN/mm#

自振频率计算和阻尼同案例 2-1 中代码 X129—X138

地震定义同案例 2-1 中代码 X139—X143

#定义分析#

```
X6  constraints Plain
X7  numberer Plain
X8  system BandGeneral
X9  test NormDispIncr 1.0e-8 10 2
X10  algorithm Linear
X11  integrator  AlphaOSGeneralized  0.5
X12  analysis Transient
X13  analyze 3072 0.01953125
X14  puts "Ground Motion analysis over"
```

第6章　混合试验的问题与思考

本书深入阐述了混合试验的原理和试验过程。虽然经过科研人员的不断努力，混合试验方法在理论和应用方面取得了长足的进步，但仍面临诸多问题。

1. 数值积分的计算效率与作动器的加载效率问题

实时混合模拟试验对试验的实时性和同步性要求很高，目前制约试验实时性的两个主要因素为数值积分的计算效率和作动器的加载效率问题。受计算机硬件性能限制，目前该试验方法仅能同步分析含数千个自由度的数值子结构的动力响应。当数值子结构模型更加复杂时，如材料具有诸多非线性特性，或者有限元模型建立得更为精细，即使采用显示积分算法也无法实时、同步的分析结构的动力响应，试验的实时性无法保证。如何将实时混合模拟试验技术应用到复杂结构中成为科研工作者面临的重大挑战。此外，受液压伺服系统动力特性制约，作动器的动力响应延迟为10～100 ms，该延迟难以进一步减小。采用电磁作动器可显著降低动力响应延迟，但目前电磁作动器加载量程较小，新型伺服系统的开发已成为实时混合模拟试验研究的新热点之一。

2. 时滞系统的稳定性问题

本书验证了作动器位移追踪延迟符合时变时滞假设，并采用Lyapunov-Krasovskii(L-K)稳定理论，在连续域下研究了时变时滞对系统稳定性的影响。然而，由于L-K稳定理论具有保守性，所获得的时滞系统稳定域必然小于真实稳定域。L-K稳定理论的保守性产生的原因在于所设Lyapunov泛函不完备，泛函导数分析中引入了不等式。如何降低稳定判据的保守性，从而估计出更完善的系统稳定域将是时滞系统稳定性分析的重要挑战。此外，实时混合模拟试验采用数字式计算、加载设备，试验系统实际为离散系统，如何考虑离散系统下时变时滞对系统稳定性的影响值得进行更深入的讨论。

3. 混合试验高性能控制方法

实时混合模拟试验要求对作动器加载进行精确控制。在线离散刚度估计方法是一种作动器控制补偿方法，目前仅适用于估计单自由度试验子结构的瞬时刚度，如何将该理论扩展到多自由度试验构件值得进一步探讨。此外，该算法较为复杂，应用及调试均需要专业操作,未来研究的方向主要在于简化计算流程,提高计算效率,减少计算时间,从而扩展其应用范围。

4. 混合试验边界条件的实现方法

混合试验中,数值子结构和试验子结构的位移、反馈力数据同步交互并在子结构界面处进行耦合。然而,模拟试验子结构的复杂边界条件一直是试验中的一个难点。本书所研究的试验子结构为最简单的一维拉压边界条件,仅需要一个作动器进行控制。当同时受弯力、剪力、扭力共同作用时,如何实现对试验子结构复杂边界的模拟成为实时混合模拟试验的研究热点和难点。复杂边界模拟需要多个作动器配合工作,而多个作动器同时工作会产生误差的非线性叠加,该问题值得进一步探讨。

参考文献

[1] Struck W, Voggenreiter W. Examples of impact and impulsive loading in the field of civil engineering[J]. Matériaux et Construction, 1975, 8(2): 81 - 87.

[2] Ngo T, Mendis P, Gupta A, et al. Blast loading and blast effects on structures an overview[J]. Electronic Journal of Structural Engineering, 2007, 7(S1): 76 - 91.

[3] Bischoff P H, Perry S H. Compressive behaviour of concrete at high strain rates[J]. Materials and structures, 1991, 24(6): 425 - 450.

[4] 李国强,李杰,苏小卒. 建筑结构抗震设计[M]. 北京:中国建筑工业出版社,2002.

[5] Gioncu V. Influence of strain-rate on the behavior of steel members[C]. In Proceedings of the Third International Conference STESSA. Canada, Montreal, 2000: 19 - 26.

[6] 周明华. 土木工程结构试验与检测[M]. 2版. 南京:东南大学出版社,2010.

[7] 邱法维,钱稼茹,陈志鹏. 结构抗震实验方法[M]. 北京:科学出版社,2000.

[8] 严佳川,李睿杰,支旭东. 复合墙板-新型可滑动节点体系拟静力试验研究[J]. 土木工程学报,2020,53(S2): 156 - 161.

[9] Thewalt C, Roman M. Performance parameters for pseudodynamic tests[J]. Journal of Structural Engineering, 1994, 120(9): 2768 - 2781.

[10] Di Benedetto S, Francavilla A B, Latour M, et al. Pseudo-dynamic testing of a full-scale two-storey steel building with RBS connections [J]. Engineering Structures, 2020, 212: 110494.

[11] Guo T, Hao Y, Song L, et al. Shake-table tests and numerical analysis of self-centering prestressed concrete frame[J]. ACI Structural Journal, 2019, 116(3): 3 - 17.

[12] Mahin S A, Shing P B. Pseudodynamic method for seismic testing[J]. Journal of Structural Engineering, 1985, 111(7): 1482 - 1503.

[13] 程绍革，白雪霜，赵鹏飞，等. 结构抗震混合试验技术初探[J]. 工程抗震与加固改造，2005(5): 68 - 70.

[14] Nakashima M, Kato H, Takaoka E. Development of real-time pseudo dynamic testing[J]. Earthquake Engineering & Structural Dynamics, 1992, 21(1): 79 - 92.

[15] Ahmadizadeh M, Mosqueda G, Reinhorn A M. Compensation of actuator delay and dynamics for real-time hybrid structural simulation[J]. Earthquake Engineering & Structural Dynamics, 2008, 37(1): 21 - 42.

[16] 贯红星. 面向大型复杂结构的结构抗震混合试验方法研究[D]. 哈尔滨：哈尔滨工业大学，2019.

[17] Huang L, Guo T, Chen C, et al. Restoring force correction based on online discrete tangent stiffness estimation method for real time hybrid simulation [J]. Earthquake Engineering and Engineering Vibration, 2018, 17(4): 805 - 820.

[18] Mazzoni S, Mckenna F, Scott M H, et al. OpenSees Command language Manual [M]. The Regents of the University of California, 2007: 19 - 32.

[19] 古泉，黄素蓉. OpenSees 实用教程[M]. 北京：科学出版社，2017.

[20] Wu B, Bao H, Ou J, et al. Stability and accuracy analysis of the central difference method for real-time substructure testing[J]. Earthquake Engineering & Structural Dynamics, 2005, 34(7): 705 - 718.

[21] Newmark N M. A method of computation for structural dynamics [J]. Journal of the Engineering Mechanics Division, 1959, 85(3): 67 - 94.

[22] Chen C, Ricles J M. Analysis of implicit HHT-α integration algorithm for real-time hybrid simulation [J]. Earthquake Engineering and Structural Dynamics, 2012, 41(5): 1021 - 1041.

[23] Chung J, Hulbert G M. A time integration algorithm for structural dynamics with improved numerical dissipation: the generalized-α method[J]. Journal of Applied Mechanics, 1993, 60(2): 371 - 375.

[24] Bathe K J. Conserving energy and momentum in nonlinear dynamics: a simple implicit time integration scheme[J]. Computers & structures, 2007, 85(7): 437 - 445.

[25] Horiuchi T, Inoue M, Konno T, et al. Real - time hybrid experimental system with actuator delay compensation and its application to a piping system

with energy absorber[J]. Earthquake Engineering & Structural Dynamics, 1999, 28(10): 1121 - 1141.

[26] Wang Z, Wu B, Bursi O S, et al. An effective online delay estimation method based on a simplified physical system model for real-time hybrid simulation[J]. Smart Structures and Systems, 2014, 14(6): 1247 - 1267.

[27] 郭彤,徐伟杰,陈城．实时混合模拟试验作动器位移追踪的频域评价方法[J]. 工程力学,2014,31(4):171 - 177.

[28] Guo T, Chen C, Xu W J, et al. A frequency response analysis approach for quantitative assessment of actuator tracking for real-time hybrid simulation[J]. Smart Materials and Structures, 2014, 23(4): 045042.

[29] Mercan O, Ricles J M. Stability and accuracy analysis of outer loop dynamics in real-time pseudodynamic testing of SDOF systems[J]. Earthquake Engineering & Structural Dynamics, 2007, 36(11): 1523 - 1543.

[30] Mosqueda G, Stojadinovic B, Mahin S A. Real-time error monitoring for hybrid dimulation. Part I: methodology and experimental verification[J]. Journal of Structural Engineering, 2007, 133(8), 1100 - 1108.

[31] 黄亮,黄慎江,王静峰,等．实时混合模拟中偶发计算延迟的产生及影响[J]. 东南大学学报(自然科学版),2021,51(1):80 - 86.